Sebastian Süß

Klassifikation mechatronischer Komponenten und deren durchgängige Nutzung im Engineering

Klassifikation mechatronischer Komponenten und deren durchgängige Nutzung im Engineering

Dissertation

zur Erlangung des akademischen Grades

Doktoringenieur

(Dr.-Ing.)

von M. Sc. Sebastian Süß

genehmigt durch die Fakultät für Elektrotechnik und Informationstechnik

der Otto-von-Guericke-Universität Magdeburg

Gutachter:

Prof. Dr.-Ing. Christian Diedrich

Prof. Dr.-Ing. Alexander Fay

Promotionskolloquium am 07.05.2020

Bibliografische Information der Deutschen Nationalbibliothek:

Die Deutsche Nationalbibliothek verzeichnet diese Publikation

in der Deutschen Nationalbibliografie; detaillierte bibliografische

Daten sind im Internet über http://dnb.dnb.de abrufbar.

Herstellung und Verlag:

BoD - Books on Demand, Norderstedt

ISBN: 978-3-7519-3166-3

Inhaltsverzeichnis

Abbildungsverzeichnis

Tabellenverzeichnis

Algorithmenverzeichnis

1 Einleitung

Die immer höhere Nachfrage nach individualisierten Produkten, größeren Produktsortimenten und kürzeren Lebenszyklen verändert heute nicht nur den Produktentwicklungsprozess, sondern auch den Entwicklungsprozess und den gesamten Lebenszyklus automatisierter Produktionsanlagen. Sie müssen flexibler sein, um dem wachsenden Produktportfolio gerecht zu werden. Idealerweise soll eine Serienfertigung bis zur Losgröße eins auf einer Produktionsanlage produziert werden [BGM18]. Eines der Ergebnisse dieser Flexibilisierung ist, dass der Einsatz mechatronischer Komponenten in Kombination mit Steuerungssoftware stetig zunimmt, da dies eine vergleichsweise hohe Flexibilität einer Anlage gewährleistet. So müssen vor allem Software und kaum Hardware angepasst werden, wenn neue Produkte oder Varianten in der gleichen Anlage produziert werden sollen. Dieser Trend führt dazu, dass die Entwickler der Steuerungssoftware mehr Zeit für die Entwicklung, Optimierung und den Test der Steuerungsprogramme aufwenden. Durch die Notwendigkeit der schnellen Integration neuer Produkte und Varianten während der operativen Phase der Produktionsanlage kommt zudem der gesamte Lebenszyklus mehr in den Fokus der Produktionsanlagenentwickler.

1.1 Problemstellung und Motivation

Zur Gewährleistung schneller und flexibler Entstehung von Produktionsanlagen und einer schnellen Integration zusätzlicher Varianten werden vermehrt virtuelle Absicherungsmethoden eingesetzt. Der zunehmende Einsatz dieser Methoden während des gesamten Lebenszyklus automatisierter Produktionsanlagen in Verbindung mit der zunehmenden Forderung nach besserer Qualität von Simulationen des Anlagenverhaltens, führt zur Notwendigkeit verbesserter virtueller Anlagen mit müheloseren und schnelleren Simulationsaufbauten. Bestehende Ansätze konzentrieren sich oft auf Simulationsqualität und höchstmögliche Genauigkeit. Mühelose und schnelle Simulationsaufbauten sowie die Fähigkeit, Simulationsmodelle nicht nur zu einem bestimmten Zeitpunkt, sondern während des gesamten Lebenszyklus der realen Anlage unabhängig von dessen Hersteller einzusetzen, wurde bisher oft vernachlässigt. Um diesen Herausforderungen gerecht zu werden, benötigen die verschiedenen Modelle der Simulation Kenntnisse über sich selbst und ihre Funktionalität, um ihre eigenen Fähigkeiten zu kennen und somit in der Lage zu sein, mit ihrer Außenwelt automatisch und korrekt zu interagieren.

1.2 Ziel dieser Arbeit

Die herstellerunabhängige Bereitstellung standardisierter Modelle der eingesetzten Komponenten ist damit von großer Bedeutung. Um eine solche Bereitstellung zu ermöglichen und die durchgängige Nutzung sowohl einzelner Komponentenmodelle als auch gesamtheitlicher Datenmodelle sicherzustellen muss es möglich sein, diese einer Klassifikation zuzuordnen. Diese Arbeit beschäftigt sich mit Möglichkeiten, wie Verhaltensmodelle mechatronischer Komponenten von automatisierten Produktionsanlagen sinnvoll klassifiziert und bereit gestellt werden können.

1.3 Gliederung der Arbeit

Nach der Untersuchung der existierenden Techniken zur virtuellen Anlagenabsicherung werden dazu zunächst die Möglichkeiten zur Nutzung von Komponentenmodellen evaluiert. Danach werden die neusten Erkenntnisse im Bereich virtueller Absicherung erörtert und die Forschungsfrage formuliert. Anschließend wird eine Klassifizierung der Komponenten und deren Modelle entwickelt. Daher werden die Verhaltensmodelle erstmalig mit Hilfe von Clustering-Methoden in Gruppen eingeteilt. Im Anschluss werden Algorithmen entwickelt, die es den Modellen ermöglichen, sich in diese Gruppierung zu integrieren und somit eine Klassifizierung darzustellen. Abschließend wird die durchgängige Nutzung gesamtheitlicher Komponentenmodelle erarbeitet. Dazu wird zunächst die Struktur und die Bibliothek der Komponentenmodelle dargestellt und anschließend durch die

Erzeugung gesamtheitlicher Datenmodelle der Nutzen der Klassifizierung erläutert. Die Gliederung der Arbeit ist in Abbildung 1.1 zu sehen.

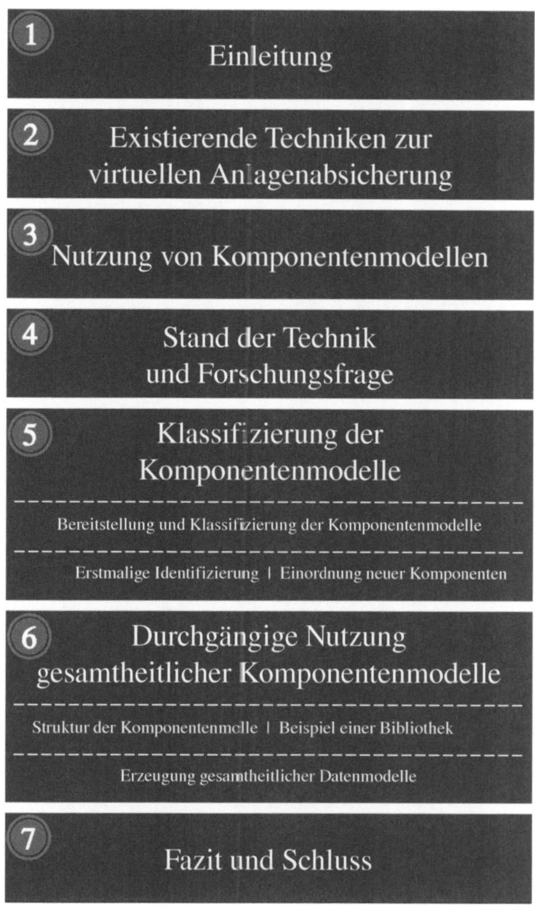

Abbildung 1.1: Gliederung der Arbeit

2 Existierende Techniken zur virtuellen Anlagenabsicherung

In diesem Kapitel werden verschiedene virtuelle Techniken zur Absicherung automatisierter Produktionsanlagen im automobilen Umfeld vorgestellt. Dabei wird zunächst auf den Anlagenentstehungsprozess eingegangen, wobei einige Aspekte hiervon genauer betrachtet werden sollen.

2.1 Produktionsanlagen im automobilen Umfeld

In der Automobilindustrie sind die Lebenszyklen der Produktionsanlagen größtenteils an die der Produkte gekoppelt, wobei das Automobil das Produkt darstellt. Im Wesentlichen hängt der Lebenszyklus einer Anlage also vom Lebenszyklus einer oder mehrerer Baureihen ab. Abbildung 2.1 zeigt eine typische Produktstruktur eines Original Equipment Manufacturer (OEM) in Baumstruktur, wobei die Baureihe die unterste Ebene darstellt.

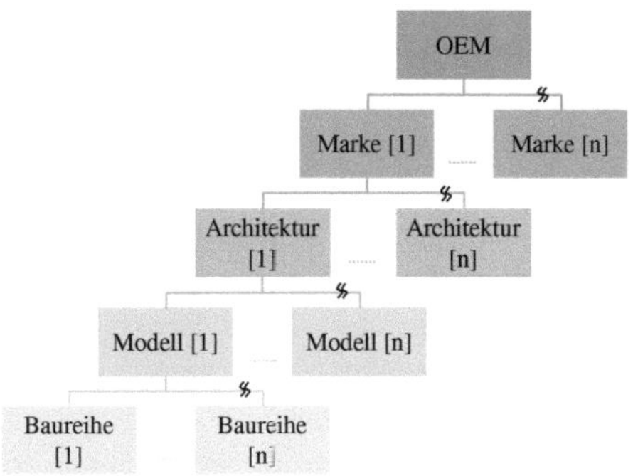

Abbildung 2.1: Prinzipielle Baumstruktur verschiedener Baureihen eines OEMs

Innerhalb einer Baureihe existieren zudem verschiedene Produkte. Man unterscheidet hier zwischen Hauptprodukten und Derivaten. Dabei ist das Hauptprodukt ein Produkt, was komplett neu entwickelt wurde und stellt somit das erste Produkt einer neuen Baureihe dar. Damit hat es auch den frühesten Start of Production (SoP) einer Baureihe. Die Derivate der Baureihe basieren technisch auf dem Hauptprodukt, weshalb ihre Entwicklung und auch ihre SoPs nach dem des Hauptprodukts liegen. Dadurch kann es jedoch auch zu dem Effekt kommen, dass ein Derivat einer Baureihe noch produziert wird, wenn sich das Hauptprodukt der Nachfolgereihe bereits in Produktion befindet. Zudem erhalten alle Produkte nach etwa der Hälfte ihrer Lebenszeit eine Modellpflege um technisch wieder auf den neuesten Stand gebracht zu werden. Diese zeitlichen Zusammenhänge sind in Abbildung 2.2 skizziert.

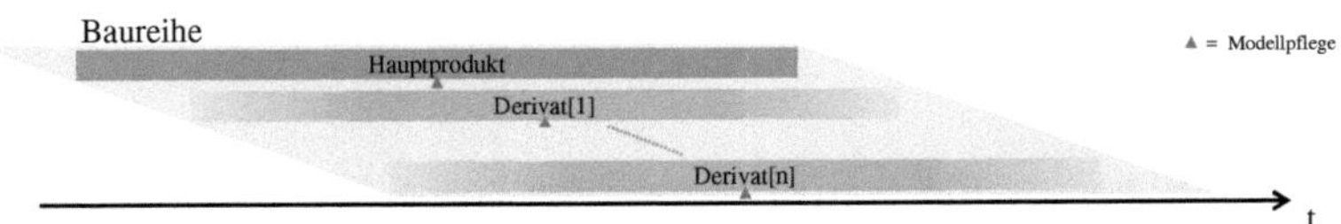

Abbildung 2.2: Hauptprodukt und deren Derivate in der Automobilindustrie über die Zeit

Eine Anlage kann dabei, wie in Abbildung 2.2 dargestellt, in drei Hauptbestandteile unterteilt werden. Diese sind Anlagensteuerung, Anlagenverhalten sowie Anlagenmechanik. Dabei enthält die Anlagenmechanik alle mechanischen Teile der Anlage, insbesondere die, die mit dem Produkt in Interaktion treten. Das Anlagenverhalten wird bestimmt durch die aktiven Komponenten die in der Anlage verbaut sind, sogenannte mechatronische Komponenten. Ein Steuerungsprogramm, meist eine Speicherprogrammierbare Steuerung (SPS), übernimmt die Anlagensteuerung. Verbunden sind die Anlagensteuerung mit dem Anlagenverhalten durch informations- und energieführende Medien wie beispielsweise Elektrik und Pneumatik. Das Anlagenverhalten ist mit der Anlagenmechanik durch mechanische Verbindungen verbunden, beispielsweise Getriebe, Gelenke, Verschraubungen und ähnliche. Das Gesamtensemble all dieser Anlagenteile bildet die automobile Produktionsanlage.

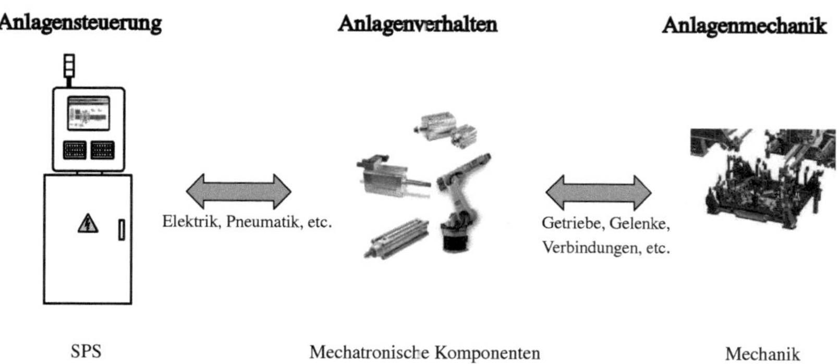

Abbildung 2.3: Das Prinzip einer automobilen Produktionsanlage

2.1.1 Der Lebenszyklus der Anlage

Wie bereits erwähnt hängt der Lebenszyklus einer Anlage vom Lebenszyklus ihres Produkts ab. Soll eine neue Baureihe eines Modells produziert werden, ist eine neue Anlage notwendig. Da jedoch der Kostendruck immer mehr zunimmt und eine automobile Produktionsanlage zumeist aus teuren Sondermaschinen besteht, wird, wo immer möglich eine komplette Neuanlage vermieden. Heutzutage hat eine Anlage meist mindestens einen sogenannten ReUse in ihrem Lebenszyklus. Anstatt eine komplett neue Anlage zu bauen, wird die alte modifiziert und so angepasst, dass die neue Baureihe darauf produzierbar ist. Wenn die Änderungen von der alten zur neuen Baureihe lediglich geringfügig sind, kann dies mit Leichtigkeit geschehen, und selbst wenn große Veränderungen in der Anlage auftreten (es kann notwendig sein, komplette zusätzliche Stationen usw. zu bauen), kann es kostengünstiger sein, einen Anlage-ReUse durchzuführen. Der große Vorteil eines Anlagen-ReUse ist, dass nahezu alle alten Anlagenkomponenten für die neue Anlage wiederverwendet werden können. Oft müssen sie nur ein wenig verändert werden oder es ändert sich lediglich die Anordnung der Komponenten. Da die verwendeten Anlagenkomponenten in der Regel eine hohe Qualität aufweisen, ist es kein Problem, sie ein zweites Mal zu verwenden, etwaige Verschleißteile müssen selbstverständlich ausgetauscht werden. Eine zweite Wiederverwendung ist theoretisch ebenfalls möglich, aber nicht so häufig. Da die verwendeten Anlagenteile immer abgenutzter werden, steigt der allgemeine Wartungsaufwand. Dies kann dazu führen, dass eine neue Anlage sinnvoller ist als ein ReUse. Steuerungssoftware weist weniger Wartungsansprüche auf, weshalb diese theoretisch nach Modifikationen und Anpassungen sowohl für die ReUse- als auch für die Neuanlage verwendbar ist. Unabhängig davon kann es notwendig sein, die komplette Software zu erneuern, da neuere Komponenten entsprechende aktualisierte Software benötigen, da die Steuerungshardware veraltet ist oder da dies aufgrund neuer Anforderungen an die Standards der Steuerungssoftware notwendig wird.

Eine Veranschaulichung zwischen den Lebenszyklen einer Anlage und einer Baureihe in der Automobilindustrie stellt dabei Abbildung 2.4 dar, wobei die grünen und blauen Balken den Produkt- bzw. Anlagenlebenszyklus zeigen. Dabei ist zu beachten, dass hier lediglich die Produktionsphase veranschaulicht ist. Die Planung findet vor dieser Phase statt und wie in Kapitel 2.2 beschrieben. Auch hier ist beobachtbar, dass zwischen zwei Anlagen entweder ein ReUse oder eine Neuanlage liegen kann. Bei einem ReUse werden dabei im Wesentlichen die Anlagenkomponenten beibehalten und im Bedarfsfall modifiziert und/oder ergänzt, während bei einer Neuanlage auch die Komponenten komplett neu gebaut werden. Die Baustellensymbole in Abbildung 2.4 kennzeichnen zudem Zeitpunkte an denen eine weitere Modifikation der Anlage (größtenteils softwareseitig) erfolgt. Eine Produktionsanlage existiert dabei nur so lange wie das Hauptprodukt einer Baureihe. Dies führt dazu, dass eine neue Produktionsanlage sowohl das Hauptprodukt und die Derivate der neuen Baureihe, als auch die Derivate aus der alten Baureihe produzieren können muss.

2.1.2 Mechatronische Komponenten

Unter Mechatronik versteht man im Wesentlichen das interdisziplinäre Zusammenspiel von Mechanik, Elektronik und Informatik, welches in Abbildung 2.5 dargestellt ist [Ise99].

Besagte Disziplinen bilden ebenso die Grundlage, aus denen eine mecha-

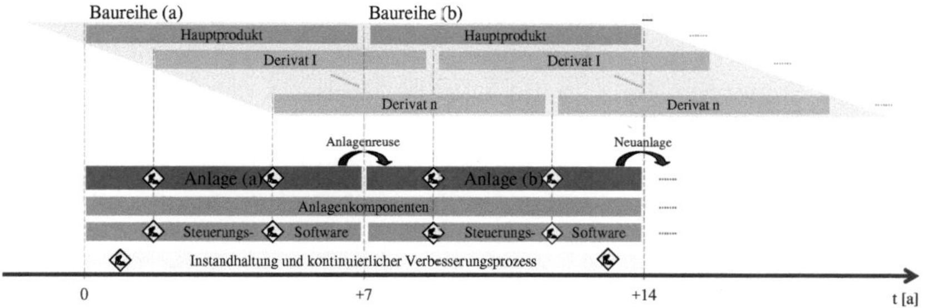

Abbildung 2.4: Anlagen- und Produktlifecycle über der Zeit

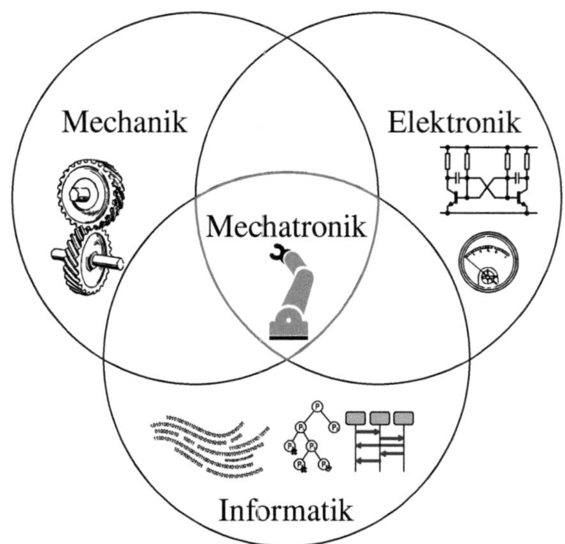

Abbildung 2.5: Interdisziplinarität der Mechatronik nach Isermann

tronische Komponente besteht, welche hier zunächst allgemein eingeführt wird. Sie besteht im Wesentlichen aus den bereits genannten drei teilen Mechanik, Elektronik und Informatik (siehe Abbildung 2.6) [Die15], [Mer13]. Dabei hat die Komponente zwei Schnittstellen. Zum einen die mechanische Interaktion mit dem physikalischen Systemkomplex, an welchem die Komponente angeschlossen ist, zum anderen die Kommunikation mit dem übergeordneten Leitsystem, zumeist ein Feldgeräte-Controller oder eine Steuerung. Dabei wirkt nun die Mechanik der mechatronischen Komponente mit ihrem Maschinenbau sowie der Feinwerktechnik auf den physikalischen Systemkomplex ein, während die Informatik beispielsweise inklusive Modellbildung, Systemtheorie, Automatisierungstechnik, Software und teilweise künstlicher Intelligenz die Kommunikation mit dem Leitsystem sowie die Informationsverarbeitung übernimmt. Die Elektrik als solche ist dabei das Bindeglied zwischen Mechanik und Informatik und sorgt unter anderem mit Sensorik, Aktorik, Mikro- und Leistungselektronik für die Ausführung von Befehlen und die Bereitstellung von Informationen aus bzw. in Richtung Informatik.

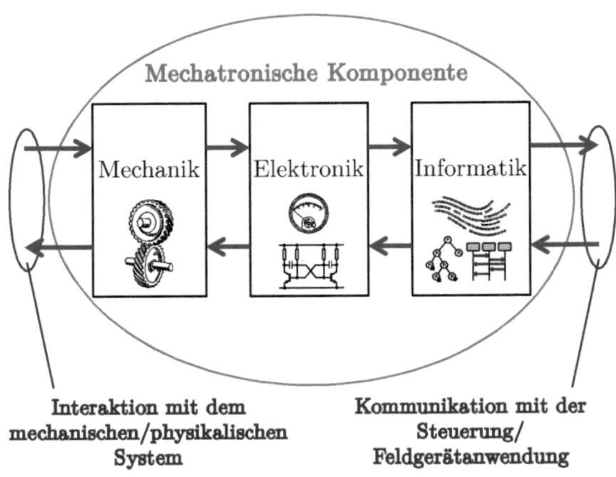

Abbildung 2.6: Prinzip einer mechatronischen Komponente

Sind in einer mechatronischen Komponente alle drei genannten Disziplinen vorhanden, wird eine solche Komponente im Kontext dieser Arbeit als „abgeschlossene mechatronische Komponente" bezeichnet. Ein Beispiel hierfür wäre ein Industrieroboter. Nun kann es jedoch auch vorkommen, dass Teilbereiche in einer Komponente nicht vorhanden sind. So fehlt beispielsweise bei einem Frequenzumrichter der mechanische Teil, da die Interaktion mit dem physikalischen Systemkomplex auf der Elektronikebene erfolgt. Bei einem Pneumatikzylinder mit Endlagenschaltern wiederum fehlt der Informatikbereich sowie Teile des Elektronikbereichs. Eine solche Komponente wird im Kontext der Arbeit als „offene mechatronische Komponente" bezeichnet. Alle offenen Komponenten können jedoch durch Kombination mit anderen offenen Komponenten zu abgeschlossenen Komponenten verbunden werden. So redet man sowohl bei der Kombination eines Frequenzumrichters und einem entsprechenden Motor als auch bei der Kombination eines Pneumatikzylinders mit einem entsprechenden Ventil jeweils von einer abgeschlossenen Komponente.

Unter einer mechatronischen Komponente in automobilen Produktionsanlagen verstehen wir jetzt, ähnlich zur gerade vorgestellten mechatronischen Komponente im Allgemeinen, ein in einer Produktionsanlage verbautes in sich abgeschlossenes Teil, welches sowohl mit der ihr übergeordneten Steuerung kommuniziert als auch mit der mechanischen/physikalischen Welt der Produktionsanlage interagiert. Dabei können sie sowohl offene als auch abgeschlossene mechatronische Komponenten sein. Zumeist sind solche mechatronischen Komponenten in automobilen Produktionsanlagen, fortan als *Komponenten* oder *mechatronische Komponenten* bezeichnet, Kaufteile externer Hersteller. Als Beispiel sei hier wiederum ein Pneumatikzylinder genannt. Dieser wird zur Verwendung als Komponente beispielsweise von den Firmen Festo AG & Co. KG oder SMC Pneumatik GmbH zugekauft. Werden solche Kaufteile nach dem Kauf modifiziert oder kombiniert, können sie trotzdem noch als mechatronische Komponenten bezeichnet werden, wenn oben genannte Bedingungen weiterhin zutreffen.

2.2 Der Anlagenentstehungsprozess im automobilen Umfeld

Um Fahrzeuge herstellen zu können, werden entsprechende Produktionsanlagen benötigt. Diese Anlagen müssen entsprechend geplant und aufgebaut werden, bevor das eigentliche Produkt, im automobilen Umfeld also das Automobil selbst, gebaut werden kann, was im folgenden Abschnitt eingeführt wird.

2.2.1 Die Ebene der Fabrikplanung

In der Literatur existieren einige klassische Ansätze zur Fabrikplanung. Die Fabrik bedeutet in diesem Sinne allgemein alle Produktionseinrichtungen die notwendig sind um ein Produkt herzustellen. In Anlehnung an [Sch07] und [Ber05] und unter Erweiterung mit [VDI11] sind die klassischen Ansätze in der tabellenähnlichen Abbildung 2.7 dargestellt. Dabei sind die Hauptautoren der jeweiligen Beiträge in der ersten Spalte genannt und chronologisch nach dem Erscheinungsdatum sortiert. Diese sind *Kettner* [KSG84], *REFA* [REF85], *Aggteleky* [Agg87], *Wiendahl* [WAB96], *Felix* [Fel98], *Grundig* [Gru14] und dem *VDI* [VDI11], [VDI16a]. Die zur Betrachtung herangezogenen Fabrikplanungsansätze sind dabei nur bedingt homogen. Nichtsdestotrotz kann, speziell auf Grundlage der Ansätze von *Kettner*, *Grundig* und des *VDI*, der Prozess grundsätzlich in die folgenden fünf Phasen eingeteilt werden:

- Rahmenbedingungen,

- Konzeptplanung,

- Detailplanung,

- Ausführungsplanung und

- Ausführung.

In der Phase *Rahmenbedingungen* werden Vorbereitungen getroffen und alle Bedingungen ermittelt, die notwendig sind um mit der Planung zu beginnen. Dazu gehören beispielsweise das Erstellen von Betriebsanalysen, um die aktuelle Ist-Situation zu erfassen, Zielplanungen, um den grundsätzlichen Zielzustand zu erarbeiten und die Rahmenbedingungen für die Planung zu schaffen sowie einige weitere damit zusammenhängende Tätigkeiten.

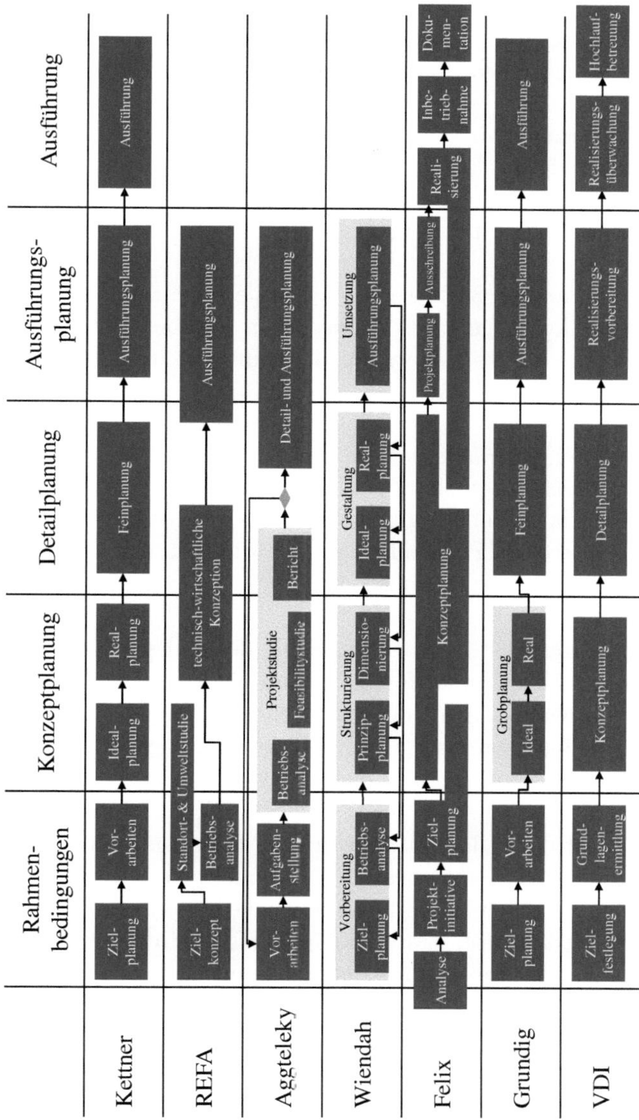

Abbildung 2.7: Vergleich verschiedener Fabrikplanungsansätze nach Bergholz und Schuh u. a.

Ist dies abgeschlossen, so wird in die Phase *Konzeptplanung* übergegangen. Hier wird ein erstes Konzept für die Fabrik erstellt. Es wird grob strukturiert und oft bereits eine Ideal- und Realplanung durchgeführt.

In der *Detailplanung* wird das Konzept der vorangegangenen Phase dann verfeinert. Es werden also die Konzepte ausgestaltet und damit die Rahmenbedingungen für die Ausführungsplanung in Form von Layouts, verfügbarem Platz je Teilanlage und ähnlichem festgelegt.

In der *Ausführungsplanung* selbst wird die eigentliche Umsetzung der einzelnen Fabrikteile geplant. Dazu gehören neben dem Erstellen von Ausschreibungen und der Vergabe der Aufträge auch die Planung der vergebenen Bereiche und Anlagen.

In der Phase der *Ausführung* wird dann die Fabrik selbst errichtet, die Betriebsmittel darin aufgebaut und nach und nach einzelne Teile bis hin zur ganzen Fabrik in Betrieb genommen. Einige Ansätze sehen diese Phase bereits nicht mehr als Bestandteil der Fabrikplanung, da die eigentliche Planung bereits abgeschlossen ist.

Im Sinne einer ganzheitlichen Betrachtung des Anlagenentstehungsprozesses im automobilen Umfeld fehlen in den oben genannten Phasen noch zwei weitere, wovon eine vor den Rahmenbedingungen und eine nach der Ausführung anzusetzen sind. Hierbei handelt es sich um die Phasen der Initiative und der Produktion.

Die Initiative ist dabei der Auslöser für den Planungsprozess. Es muss also irgendwer irgendwann entscheiden, dass eine neue Fabrik notwendig ist. In aller Regel geschieht dies durch ein neues oder eine Änderung eines bestehenden Produktes. Im automobilen Umfeld wird die Initiative für eine neue Produktionsanlage durch ein neues Hauptprodukt getriggert. Kommt also ein neues Hauptprodukt auf den Markt, so wird der gesamte Fabrikplanungsprozess durchlaufen. Wird lediglich eine Modellpflege durchgeführt oder soll ein neues Derivat in der bestehenden Fabrik produziert werden, werden lediglich Modifikationen an den Anlagen vorgenommen. Daher entfallen in einem solchen Fall die Phasen der Konzept- und Detailplanung, da die hier geplanten Dinge in einem solchen Fall bereits Bestandteil der Rahmenbedingungen sind.

Die Phase Produktion ist die letzte Phase im Lebenszyklus einer Anlage bzw. einer Fabrik, bevor diese dann entweder zurück- oder umgebaut wird. Die Produktion ist dabei letztenendes natürlich die wichtigste Phase, da sie das Ziel und der Grund der Planung darstellt.

2.2.2 Die Anlagenebene

Von nun an wird nicht mehr die gesamte Fabrik sondern eine einzelne Produktionsanlage und deren Entstehungsprozess betrachtet. Da verschiedene Definitionen einer Anlage existieren soll hier zunächst klargestellt werden, was im Folgenden darunter verstanden wird. Eine automatisierte Produktionsanlage ist genau der Teil einer Fabrik, der durch eine einzelne SPS gesteuert wird. Damit werden implizit zwei weitere Bedingungen angegeben. Zum einen kommen dadurch nur Anlagen in Betracht, die durch eine SPS gesteuert werden, zum anderen kommen dadurch zwangsläufig mechatronische Komponenten in der Anlage vor.

Auf dieser Ebene einer einzelnen Anlage wird nun der Entstehungsprozess einer solchen genauer beschrieben. Dabei wird der Prozess in drei große Phasen unterteilt, nämlich die *Anlagenentwicklung*, die *Anlagenrealisierung* und die *Virtuelle Absicherung*. Abbildung 2.8, basierend auf [Kie08] und [KBB08], zeigt das Prinzip des Anlagenentstehungsprozesses auf Anlagenebene. Im Vergleich zum obigem Kapitel entspricht die Ausführungsplanung jetzt der Anlagenentwicklung, und die Ausführung der Anlagenrealisierung. Die Virtuelle Absicherung wurde in der Zusammenfassung noch nicht erwähnt und findet in beiden Phasen statt. Die vorgelagerten Phasen der Fabrikplanung spielen hier nur eine untergeordnete Rolle und sind kurz als Rahmenbedingungen, Anlagenkonzept (entspricht Konzeptplanung) und Groblayout (entspricht Detailplanung) dargestellt. Die Anlagenentwicklung wird jedoch nochmals aufgeteilt in

- Systementwurf,

- Mechanikkonstruktion,

- Elektrokonstruktion und

- Softwareentwicklung.

Die Anlagenrealisierung wird aufgeteilt in

- Beschaffung und Fertigung,

- Montage der Anlage,

- Inbetriebnahme und

- Hochlauf,

wobei die Inbetriebnahme und der Hochlauf Phasenübergreifend sind und
ebenfalls bereits der Produktion angehören.

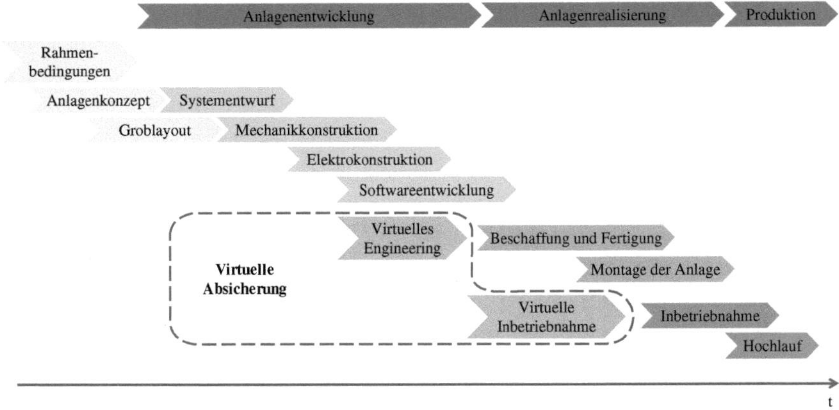

Abbildung 2.8: Das Prinzip des Anlagenentstehungsprozesses im
automobilen Umfeld auf Anlagenebene

Dabei sind die *Rahmenbedingungen* alle Prämissen und Requirements, die
an die Anlage gestellt sind. Das reicht vom vorgegebenen Platz für die
Anlage über eventuell zu verwendende Altbestandteile über maximale
Tragelasten/Massen bis hin zu notwendigen Anbindungen an Leitsysteme
oder die minimal zu verwendende Sicherheitstechnik. Das *Anlagenkonzept* wiederum macht beispielsweise Vorgaben zur maximalen Taktzeit,

ggf. bereits mit Soll-Taktzeiten und Anlagenablaufplänen oder generell zum Funktionsprinzip der zu erstellenden Anlage. Ein eventuell vorgegebenes *Groblayout* stellt im nächsten Schritt klar, wie genau die Anlage aufzubauen ist. Es definiert im Wesentlichen die grobe Anordnung der Anlagenbestandteile auf der vorgegebenen Fläche und definiert insbesondere logistische Schnittstellen wie die Art und Anbindung der Fördertechnik, Anlieferung von Material und ähnliches. Diese Schritte erfolgen in aller Regel in der Produktionsplanung der späteren Betreiberfirma, können jedoch auch ausgelagert werden. Die folgenden Phasen der Anlagenentwicklung und -realisierung übernehmen für gewöhnlich Anlagen- und Maschinenbauunternehmen. Diese sind auf jeweils spezielle Bereiche der automobilen Produktion spezialisiert und treten hier als Auftragnehmer (AN) in Erscheinung. Die Produktionsplanung agiert in diesem Zusammenhang als Auftraggeber (AG), die eigentliche Produktion später als Betreiber der Anlage. Daher erfolgt vor diesen Phasen eine Ausschreibung der Anlage sowie eine entsprechende Vergabe an den AN.

In der Phase der eigentlichen Anlagenentwicklung wird zunächst ein *Systementwurf* durchgeführt. Hier werden die dem AN zur Verfügung gestellten Daten überprüft und basierend darauf ein Entwurf der Anlage erstellt. Oft werden hier Methoden des Systems Engineering verwendet. Das Management des Projekts beim AN gehört ebenfalls dazu. In der *Mechanikkonstruktion* wird dann die eigentliche Anlage mechanisch konstruiert. Dies wird computergestützt mit Hilfe eines Mechanik-Computer-aided Design (CAD) (MCAD)-Programms durchgeführt. Spricht man allgemeiner von einem CAD-System, so ist zumeist ebenfalls das MCAD-System gemeint. In diesem Schritt erfolgen daher zum einen sowohl das Design und die Funktionsweise der ganzen Anlagenmechanik inklusive den Teilen, die selbst gefertigt werden. Zum anderen wird hier ebenfalls die Verwendung von Kaufteilen festgelegt. Rein mechanische Kaufteile wie Schrauben oder Profile werden dabei vom Mechanikkonstrukteur selbst abschließend spezifiziert. Mechatronische Komponenten hingegen werden lediglich vorspezifiziert. Es werden also die Funktion, die erfüllt werden muss sowie Restriktionen hinsichtlich Einbaumaßen und notwendigen Kräften vorgegeben. Danach wird eine Stückliste erstellt, die, zusammen mit der Mechanikkonstruktion, an die *Elektrokonstruktion* weitergegeben wird. Dort werden die verwendeten mechatronischen Komponenten im Idealfall nochmals auf Ihre Eignung für den vorgesehenen Zweck überprüft. Anschließend werden alle notwendigen

Versorgungen hinsichtlich Kommunikation und Energieversorgung für alle mechatronischen Komponenten geplant. Auch dieser Prozess erfolgt computergestützt unter Verwendung eines Elektrik-CAD (ECAD)-Programms. Hier werden also alle elektrischen und pneumatischen Leitungen die die Anlage benötigt entsprechend geplant. Dadurch werden Schaltpläne für die Anlage sowie zugehörige Stücklisten erstellt. Mit Hilfe dieser Daten sowie den Daten des Systementwurfs und der Mechanikkonstruktion wird im nächsten Schritt die *Softwareentwicklung* durchgeführt. Es werden also alle Softwareanteile, die die Anlage enthält programmiert. Dies ist in erster Linie die Software der SPS, kann aber auch Software von mechatronischen Komponenten wie z.B. Robotern oder Schraubersteuerungen sein.

Innerhalb dieser Anlagenentwicklung fallen nun zwei Dinge auf. Zum einen wird es sich im Realfall nie um einen rein kontinuierlich ablaufenden Prozess handeln. Werden im Laufe der Entwicklung Änderungen notwendig, die auch Änderungen in bereits vorangegangenen Schritten erfordern, wird eine Änderungsschleife notwendig. Es muss nicht nur der Schritt angepasst werden, wo die Folgeänderung notwendig wird. In alle Schritte bis zur ursprünglichen Änderung können dann ebenfalls Anpassungen notwendig werden. Dies gilt im Übrigen auch für die Schritte der Anlagenrealisierung. Dieser Prozess ist in Abbildung 2.8 der Einfachheit halber nicht dargestellt. Zum anderen zeigt sich ganz klar, dass innerhalb dieser Phasen bisher keinerlei Absicherung oder Überprüfung der geleisteten Konstruktions- und Entwicklungsarbeit möglich ist.

Innerhalb der Anlagenentstehung werden zunächst alle benötigten Teile der Stücklisten im Schritt der *Beschaffung und Fertigung* gefertigt oder beschafft. Anschließend erfolgt das *Montieren der Anlage*, wobei dies teilweise noch beim AN, teilweise schon beim Betreiber erfolgt. Ist die Anlage montiert und beim Betreiber aufgestellt, so erfolgt die *Inbetriebnahme* der Anlage. Es werden nach und nach alle Funktionen der Anlage geprüft, bis sicher ist, dass eine Produktion möglich ist. Dabei werden teilweise schon Produkte und Materialflüsse in die Anlage gegeben. Nach der Inbetriebnahme folgt der SoP, also der Zeitpunkt, an dem das erste Serienfahrzeug produziert wird. Mit dem SoP beginnt der *Hochlauf*. Dabei wird die Produktionsgeschwindigkeit immer weiter gesteigert und optimiert, bis die geforderten Produktionsraten erreicht werden.

Bisher wurde die klassische Vorgehensweise des Anlagenentstehungsprozesses beschrieben. Mitte der 2000er Jahre hielt in der automobilen Produktionstechnik jedoch eine neue Phase Einzug, die *Virtuelle Absicherung*, welche im Wesentlichen in die zwei Bereiche *Virtuelles Engineering (VE)* und *Virtuelle Inbetriebnahme (VIBN)* unterteilt werden kann [Bär05], [DWM08], [Kie08], [Gri12], [Str14]. Damit wird es nun erstmals möglich, bereits vor Fertigstellung und Inbetriebnahme der Anlage diese auf Ihre Qualität und ihren Reifegrad hin zu testen und zu optimieren. Dabei sichert das VE primär die Mechanikkonstruktion ab, während die VIBN ihren Fokus auf die Absicherung der Steuerungssoftware legt. Die beiden Phasen sollen im Folgenden genauer beschrieben werden.

Virtuelles Engineering

In einem Satz zusammengefasst könnte man das VE als simulationsgestützte Absicherung von Anlagenabläufen, Taktzeiten und Kollisionen, basierend auf einem kinematisierten CAD-Modell der Produktionsanlage bezeichnen. Dabei wird ein Soll-Anlagenablauf mit der Mechanikkonstruktion gekoppelt, sodass alle Bewegungen im Ablauf der Anlage visualisiert werden. Die Methode setzt nach (teilweise) fertiggestellter Mechanikkonstruktion im MCAD-System an. Diese Konstruktionsdaten werden in ein CAD-System überführt, welches in der Lage ist, Simulationen durchzuführen. Beispiele hierfür sind Delmia von Dassault Systèmes oder NX-Mechatronics Concept Designer von Siemens. Ist der abzusichernde Teil der Anlage konstruiert, so sind alle physikalischen Zusammenhänge und Restriktionen wie beispielsweise maximale Winkelstellungen etc. im Modell zu parametrisieren. Anschließend erfolgt eine Kinematisierung des Modells. Diese erfolgt in zwei Schritten [Str14]. Zuerst werden Gruppen von Bauteilen der Konstruktion zu Körpern zusammen gefasst, anschließend werden die Beziehungen zwischen den Körpern definiert. Diese Beziehungen können beispielsweise starre Verbindungen oder Gelenke jeglicher Art sein. Nun ist das Modell bereits soweit aufgearbeitet, dass sich alle einzelnen Bewegungen, die die Anlage später im Betrieb durchzuführen in der Lage ist bereits veranschaulichen lassen. Im nächsten Schritt werden den einzelnen Gelenken, die angetrieben sind, Operationen zugewiesen, mit Hilfe derer die Gelenke während der späteren Anlagenablaufsimulation gesteuert werden. Die Operationen ersetzen also die später eingesetzten Aktoren. Eine Modellierung von Sensorik erfolgt nicht. Die Operationen werden mit entsprechenden Bedingungen und Zeiten verknüpft, sodass das Modell den gewünschten Anlagenablauf ausführt. Es wird also sozusagen das Soll-Taktzeitdiagramm in die Simulation parametrisiert. Dadurch können nun Kollisionen, die konstruktionsbedingt sind identifiziert sowie das Konzept der Anlage selbst und des Anlagenablaufs validiert werden. Darüber hinaus kann eine erste Abschätzung hinsichtlich der Realisierbarkeit der Taktzeiten getroffen werden.

Eine Besonderheit innerhalb des VE stellen Industrieroboterarme dar. Das Konzept der Bewegungen dieser Roboter kann bereits in diesem Schritt validiert werden und der Roboterprogrammierer kann auf Grundlage des VE eine Offlineprogrammierung der Roboter durchführen.

Der große Vorteil des VE liegt also in der Möglichkeit, die Mechanikkonstruktion bereits vor deren Fertigung zu überprüfen und zu optimieren. Dies ist auch der Grund, wieso es dem AN in der modernen Automobilindustrie erst nach erfolgreichem VE erlaubt ist, mit der Fertigung der Anlage zu beginnen. Notwendige Änderungen an der Konstruktion können mit Hilfe dieser Methode noch kostenneutral nachgeplant werden, wohingegen sie bei späterem Entdecken erhebliche Kosten verursachen können.

Nach erfolgtem VE inklusive der Einarbeitung der ggf. notwendigen Änderungen werden die Daten als Grundlage für den nächsten Schritt innerhalb der Phase der virtuellen Absicherung bereitgestellt, der Virtuellen Inbetriebnahme.

Virtuelle Inbetriebnahme

Die VIBN als zweiter Schritt der virtuellen Absicherung dient der frühzeitigen Optimierung und Absicherung des Zusammenspiels von Anlagenmechanik, -elektrik und Software ohne Vorhandensein des realen Fertigungssystems und sorgt somit für einen höheren Reifegrad der Anlage und speziell auch der Anlagensoftware.

Dabei gibt es verschiedenste Ansätze, eine VIBN durchzuführen. Je nach Industriesektor, in dem eine VIBN durchgeführt werden soll und je nach dem wie genau dabei die Simulation sein muss, werden verschiedene Herangehensweisen angewendet. Eine Übersicht ist in [VDI16b] zu finden. In der automobilen Anlagenabsicherung werden dabei in erster Linie die aus [VDI16b] bekannten Methoden der Hardware in the Loop (HIL)-Simulation in Verbindung mit E/A- oder Gerätemodellen verwendet (vgl. [Gri12], [SSD15]). Abbildung 2.9 zeigt den typischen, grundsätzlichen Aufbau einer solchen VIBN. Dieser besteht dabei aus vier Teilen,

- der realen **Steuerung**, in der Regel einer SPS, welche das System under Test (SuT) darstellt,

- der **Bus-Emulation**, die alle Teilnehmer auf dem Feldbus gegenüber der Steuerung emuliert und die entsprechenden Signale weiterleitet an

- die **Verhaltenssimulation**, welche das Verhalten aller emulierten Busteilnehmern simuliert, und

- der **Visualisierung** der Anlage, die auf Grundlage der von der Verhaltenssimulation kommenden Signale das 3D-Modell der Anlage animiert.

Das SuT in diesem Ansatz stellt dabei das Steuerungsprogramm der SPS dar. Dieses läuft dabei auf der realen Steuerung, wodurch ein HIL-Ansatz entsteht. Die Steuerung selbst sendet und empfängt in diesem Aufbau alle Kommunikationssignale mit der Peripherie ebenfalls als reale Signale. Eine Bus-Emulation, in Abbildung 2.9 als eigener Hardware-Baustein dargestellt, verarbeitet diese Signale und stellt sie der virtuellen Anlage des Aufbaus zur Verfügung. Die virtuelle Anlage besteht aus der Verhaltenssimulation und der 3D-Visualisierung. Diese beiden Teile sollen im folgenden genauer erklärt werden.

Verhaltenssimulation   Die Verhaltenssimulation simuliert das Verhalten aller mechatronischer Komponenten einer Anlage. Da gerade zu Beginn

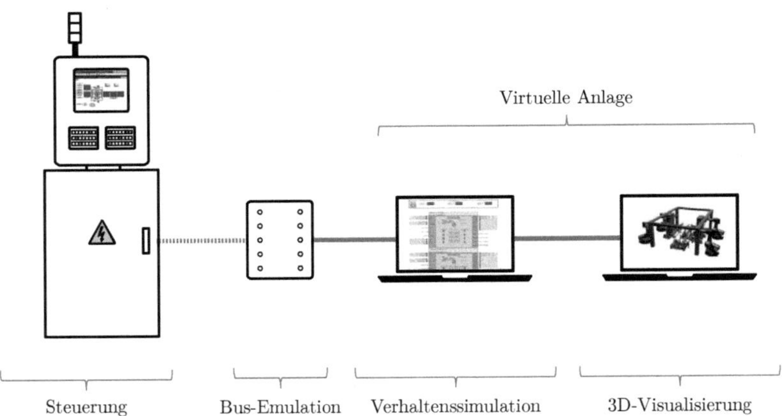

Abbildung 2.9: Grundsätzlicher Aufbau der VIBN

der VIBN das Verhalten dieser Komponenten meist nur durch Logikschaltungen und temporale Glieder beschrieben wurde, wird die Verhaltenssimulation häufig auch Logiksimulation genannt. Im automobilen Produktionsumfeld werden diese Verhalten meist als Gerätemodelle beschrieben. Das bedeutet, dass jede mechatronische Komponente durch ein eigenes Verhaltensmodell repräsentiert wird. Die Summe aller Verhaltensmodelle einer Anlage werden dann durch entsprechende Verschaltung zu der Verhaltenssimulation zusammengefügt. Um also eine Verhaltenssimulation einer beliebigen Anlage aufbauen zu können, müssen Modelle aller in der Anlage verwendeten mechatronischer Komponenten zur Verfügung stehen. Da in verschiedenen Anlagen der selben Branche jedoch häufig gleiche mechatronische Komponenten zum Einsatz kommen, bietet es sich an hier eine entsprechende Bibliothek der Verhaltensmodelle anzulegen. Ist dies erfolgt und existiert für alle relevanten Komponenten ein Modell, so kann der Aufbau der Verhaltenssimulation automatisiert werden.

Visualisierung Die Visualisierung übernimmt die Darstellung der Anlage zur Betrachtung und visuellen Verifizierung des Anlagenablaufs. Als

Eingangsdaten dienen hier die aufgearbeiteten CAD-Daten aus dem VE, die, aus Performancegründen, teilweise in Datenmengen reduziert werden. Die im VE verwendeten Operationen werden nun nicht mehr benötigt. Die Bewegungen der Gelenke werden direkt von der Verhaltenssimulation angesteuert. Innerhalb der Visualisierung kann nun überprüft werden, ob das Anlagenverhalten korrekt ist. Es kann ebenfalls validiert werden, ob Kollisionen auftreten, die auf Fehler im Steuerungsprogramm zurückzuführen sind. Zudem werden auch Signale des Materialflusses, also Signale, die von Sensoren an die Steuerung zurückgegeben werden modelliert. In komplexeren Visualisierungen werden mittlerweile auch Physiksimulationen hinterlegt [Dre13], [Bär14]. Dadurch wird die Visualisierung mehr und mehr zu einer Simulation. Es können physikalische Effekte wie auftretende Kräfte berücksichtigt werden, wodurch eine noch bessere Absicherung der Anlage gelingt. Diese Kräfte können nun auch an die Verhaltenssimulation zurückgespeist und dort verarbeitet werden.

Die Nutzung der VIBN bringt also viele Vorteile für den Anlagenentstehungsprozess. So kann durch die Nutzung der Methode erstmals eine Erprobung der Steuerungssoftware parallel zur Fertigung der Anlage geschehen. Eine frühzeitige Absicherung des Steuerungsprogramms wird also möglich. Durch das Erreichen eines höheren Reifegrades der Steuerungssoftware sowie der ganzen Anlage werden Anlagenstillstände während der Inbetriebnahme reduziert. Bei der Umsetzung von komplexen Inbetriebnahmen herrscht mehr Sicherheit und Planbarkeit auch hinsichtlich der Zeit, die auf der Baustelle selbst benötigt werden wird.

2.2.3 Die Werkzeugkette des Anlagenentstehungsprozesses

Abbildung 2.10 stellt eine Übersicht über gängige Werkzeugketten dar, wie sie heute im Anlagenentstehungsprozess von automatisierten Produktionsanlagen im Automobilbereich eingesetzt wird. Oben sind die verschiedenen Phasen des Anlagenentstehungsprozess aufgetragen während links die Domänen der Anlage zu sehen sind.

Es ist zu erkennen, das eine Vielzahl verschiedener Werkzeuge, Sprachen

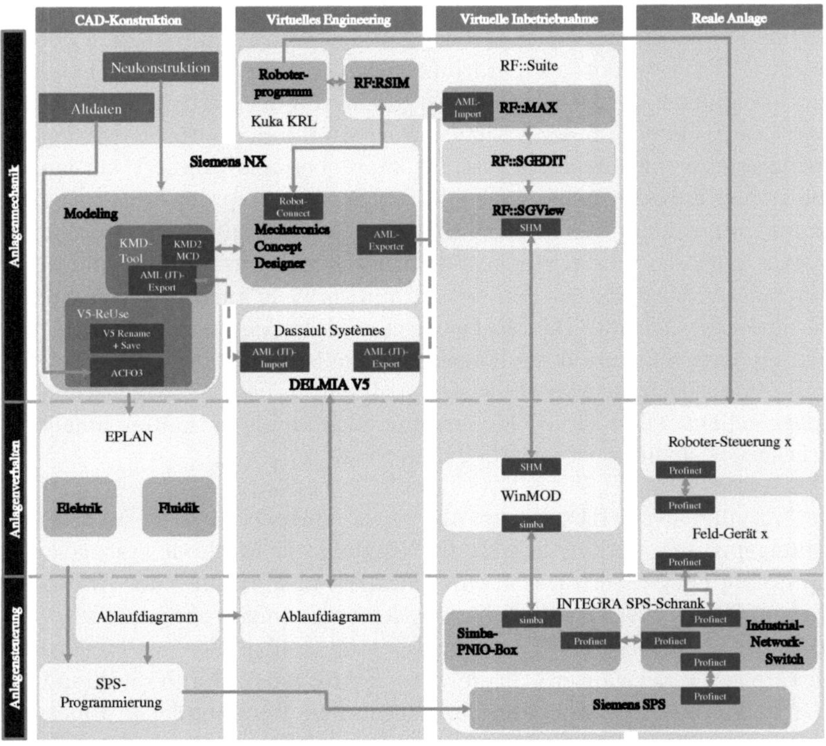

Abbildung 2.10: Verwendete Werkzeuge im Anlagenentstehungsprozess

und Schnittstellen zum Einsatz kommt. Dies gilt sowohl Domänen- und
Phasenübergreifend als auch jeweils intern. Fast alle aufgeführten Tools
setzten dabei auf proprietäre Datenformate, um die jeweils erzeugten
Daten und Informationen zu speichern. Dadurch ist es kaum möglich,
ein durchgängiges Engineering innerhalb des Anlagenentstehungsprozess
zu gewährleisten. In den nachfolgenden Phasen des Anlagenlebenszyklus
kommen weitere Tools hinzu. Ebenso finden dort laufend Veränderungen der
Anlage statt. Es wird also noch schwieriger über den gesamten Lebenszyklus
eine Durchgängigkeit von Daten und Modellen zu gewährleisten.

2.3 Mechatronische Komponentenmodelle

Eine der größten Herausforderungen in der virtuellen Anlagenabsicherung ist es, konsistente Daten- und Simulationsmodelle zur Verfügung zu haben. In den Anfängen der VIBN wurde dabei fast ausschließlich auf proprietäre mechatronische Komponentenmodelle gesetzt. In jüngerer Zeit wird jedoch verstärkt auf eine Austauschbarkeit von Komponentenmodellen geachtet. Es werden Austausch- oder gar neutrale Beschreibungsformate eingeführt, die es ermöglichen sollen, Komponentenmodelle nicht nur in einem Werkzeug und einer Phase des Anlagenentstehungsprozesses, sondern mehrfach im Anlagenlebenszyklus zu nutzen.

So wird in [Liu15] und [LSY16] beispielsweise die Nutzung von PLCOpenXML (teilweise zusammen mit MathML) vorgeschlagen. Modelica als neutrale Modellierungssprache wird in [Pun17] genutzt, während [Sch13], [SSD15] und [Aur18b] ein darauf aufbauendes standardisiertes Austauschformat namens Functional Mock-Up Interface (FMI) verwenden. Dabei wird aus einer beliebigen Modellierungssprache ein Black-Box-Modell generiert, welches neben seinem eigentlichen Modell bereits einen entsprechenden Solver integriert hat. Ein solches Modell nennt sich Functional Mock-Up Unit (FMU). Zur eigentlichen Simulation, die sich im FMI-Standard Co-Simulation nennt, werden die einzelnen FMUs von einem Co-Simulations-Master koordiniert, der ebenso die Ein- und Ausgangsvariablen der FMUs passend distribuiert. Diesen grundlegenden Aufbau zeigt Abbildung 2.11.

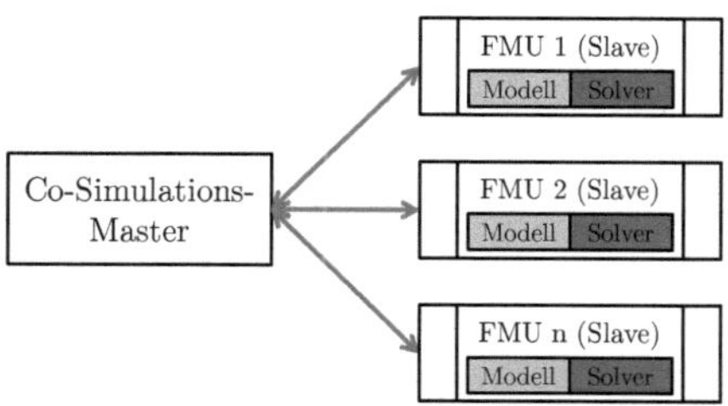

Abbildung 2.11: Prinzip der Co-Simulation mit Functional Mock-Up Units

Im Sinne dieser Arbeit stellt ein mechatronisches Komponentenmodell die virtuelle Repräsentation einer mechatronischen Komponente dar. Ein besonderer Fokus liegt dabei auf der Modellierung des Verhaltens, andere Aspekte wie die Mechanik usw. sind aber durchaus ebenfalls Teil des mechatronischen Komponentenmodells (siehe Abschnitt 3.1.1). In der Sprache der Arbeit [PF15a] befinden sich mechatronische Komponentenmodelle auf der Komponentenebene.

3 Nutzung von Komponentenmodellen

Soll die geplante Anlage virtuell abgesichert werden, so werden hierfür nicht nur die einzelnen Modelle der verschiedenen Komponenten alleine benötigt. Vielmehr müssen diese Komponentenmodelle sowohl miteinander als auch mit anderen Simulationen oder realen Anteilen der Absicherungsmethode verschaltet werden. Dafür ist es notwendig, alle Modelle von Komponenten in einer entsprechenden Bibliothek abzulegen. Da diese Modelle vom Komponentenhersteller selbst kommen und mit standardisierten Schnittstellen geliefert werden, kann es gegebenenfalls notwendig sein, sie auf die Bedürfnisse des jeweiligen Anwenders anzupassen. Die so angepassten und in der Bibliothek abgelegten Modelle sollten dann, zur Steigerung der Effizienz, bereits während des gesamten Anlagenentstehungsprozesses verwendet werden. Auf dieser Grundlage kann der Aufbau der virtuellen Anlage automatisiert erfolgen. Diese Vorgehensweise wird in den nächsten Abschnitten genauer erläutert.

3.1 Bereitstellung und Bibliothek der Modelle

Mit der beschriebenen Lieferung standardisierter Simulationsmodelle von Komponenten durch den Komponentenhersteller erhält der Anwender einer virtuellen Absicherung erstmals die Möglichkeit, diese Methoden ohne umständliches Reverse-Engineering durchführen zu können [Aur18a]. Der Anlagenentstehungsprozess besteht jedoch noch aus wesentlich mehr Bereichen als nur der virtuellen Absicherung. Alle vorgelagerten Schritte benötigen ebenfalls Daten einer solchen Komponente, die bisher manuell und einzeln vom Komponentenhersteller besorgt werden müssen. Um den Datenaustausch zwischen Komponentenhersteller und Anwender zu minimieren, ist es gerade bei besonders häufiger Nutzung solcher Daten überaus notwendig, eine entsprechende Bibliothek anzulegen. Diese soll einerseits alle relevanten Daten zu einer mechatronischen Komponente, andererseits aber auch alle relevanten Komponenten enthalten. Das Prinzip des Austauschs und der Bibliothek ist dabei in Abbildung 3.1 verdeutlicht. Die Idee dabei ist, dass der Komponentenhersteller das Verhalten seiner

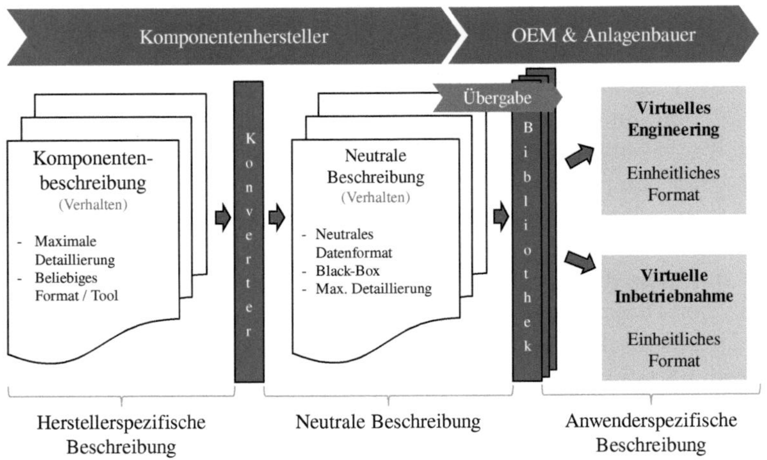

Abbildung 3.1: Überführung der Modelle vom Hersteller zum Verwender

Komponenten mit allen bei ihm verfügbaren Details in einem beliebigen Format unter Verwendung eines beliebigen Tools beschreibt. Zur weiteren Verwendung für den Anwender wird dieses Komponentenmodell dann in eine neutrale Beschreibung übersetzt. Neutral bedeutet in diesem Sinne, dass das Format von beliebigen anderen Simulationstools simuliert werden kann und zwar entweder durch erneute Konvertierung in ein Zielformat, oder, sollte die neutrale Beschreibung als Black-Box existieren, durch Einbindung in eine Co-Simulation [Aur18b]. In der vorliegenden Arbeit wird hierfür der FMI-Standard verwendet. Dabei soll die maximale Detaillierung beibehalten werden. Diese Beschreibung wird dann an den Anwender, im beschriebenen Kontext also dem OEM und/oder Anlagenbauer übergeben. Hier kommt das Konzept der Bibliothek zum Einsatz. Statt diesen Prozess für jede Komponente einzeln durchzuführen, sollen die Komponenten jeweils in eine Bibliothek abgelegt werden. Da für eine automobile

Produktionsanlage mechatronische Komponenten von vielen verschiedenen Herstellern verwendet werden, ist die Anlage einer solchen Bibliothek beim Komponentenhersteller nur beschränkt möglich. Daher bietet es sich an, dass entweder der Anwender selbst eine solche Bibliothek aufsetzt, oder diese durch einen externen Dienstleister aufsetzen lässt, der somit mehrere Kunden, also Anwender bedienen könnte. Abbildung 3.1 zeigt das Konzept lediglich für die Übergabe der Verhaltensmodelle. Im Sinne einer der erwähnten Nutzung der Bibliothek im gesamten Anlagenentstehungsprozess soll untersucht werden, welche Datenmodelle zusätzlich notwendig sind, um die Bibliothek umfassend zu nutzen.

3.1.1 Benötigte Daten einer mechatronischen Komponente

Um festzustellen, welche Daten einer mechatronischen Komponente während des Anlagenentstehungsprozesses benötigt werden, sollen hier alle relevanten Schritte nochmals kurz aufgelistet werden. Dies sind

- Mechanikkonstruktion,

- Elektrokonstruktion,

- Softwareentwicklung und

- virtuelle Absicherung.

Dabei benötigt jeder dieser Prozesse andere Daten einer Komponente. In der Mechanikkonstruktion werden die 3D-CAD-Daten der Komponente benötigt, inklusive deren Kinematik. Die Elektrokonstruktion, die die Fluidkonstruktion einschließt benötigt hingegen elektrische und pneumatische Schaltzeichen. Die Softwareentwicklung wiederum benötigt die zur Komponente passende Steuerungsfunktion und die virtuellen Absicherungsmethoden der bereits erwähnten Verhaltensmodelle. Zusätzlich dazu ist es für weitere vor- oder nachgelagerte Prozesse sinnvoll in der Lage zu sein, der Komponente weitere Daten anzuhängen. So können beispielsweise kaufmännische Daten wie Preis, Bestellnummer des Herstellers oder Ähnliches, sowie auch das Anbinden von technischen Spezifikationen als Prosa für diverse Tätigkeiten inklusive der Auslegung der Komponenten von Bedeutung sein. Die entsprechend identifizierten Daten sind also

- die Struktur,

- die Geometrie inklusive der Kinematik,

- die elektrische und fluidische Verdrahtung,

- das steuernde Verhalten,

- das gesteuerte Verhalten sowie

- sonstige Daten.

Im Weiteren wird das Automation Markup Language (AML)-Format als Dachformat für die genannten Daten untersucht.

3.1.2 Ganzheitliche Beschreibung einer Komponente

Für eine möglichst große Unabhängigkeit von proprietären Dateiformaten im Lebenszyklus einer Produktionsanlage ist ein durchgängiges Datenformat unerlässlich. Gleichzeitig etabliert sich das AML-Format zum Austausch von Engineering-Daten für Produktionsanlagen immer mehr. Deswegen wird an dieser Stelle untersucht, wie ein Bibliothekskonzept unter Anbindung aller benötigten Datenmodelle in AML umgesetzt werden kann. Dabei werden, wo immer möglich, die durch das AML-Konsortium vorgesehenen Standards und Vorgehensweisen genutzt. Für Bereiche, in denen die entsprechend vorhandenen Methoden nicht ausreichen, werden neue Vorgehensweisen vorgeschlagen, die mit dem AML-Konzept und dessen grundlegenden Gedanken als der "Klebstoff für nahtlose Automatisierung"[Dra08] zu fungieren übereinstimmen. Eine sehr gute Kurzbeschreibung des AML-Standards liefern Lüder u. a. in [LS17], eine sehr ausführliche Beschreibung von Draht ist in [Dra10] nachzulesen.

Aufbau einer Bibliothek

Zum Aufbau einer benutzerdefinierten Bibliothek wiederverwendbarer Einheiten stellt das AML-Format die sogenannte System Unit Class (SUC) zur Verfügung [LS17]. Jede wiederzuverwendende Einheit, im betrachteten Fall also jede mechatronische Komponente, wird dabei durch eine SUC repräsentiert. Alle SUCs zusammen bilden damit eine sogenannte System Unit Class Library. Soll eine als SUC gespeicherte mechatronische Komponente in eine Anlage integriert werden, so wird sie entsprechend der AML-Vorgaben als Internal Element (IE) instanziiert. Die folgenden Beschreibungen der Integration einzelner Bestandteile einer mechatronischen Komponente beziehen sich auf die Verwendung von SUCs und einer entsprechenden System Unit Class Library. Als Minimalbeispiel wird ein einfacher Pneumatikzylinder herangezogen.

Struktur

Eine mechatronische Komponente ist, wie bereits beschrieben, ein abgeschlossener oder offener Teil einer Anlage, der sowohl mit der Steuerung kommuniziert als auch mit der restlichen Anlage interagiert. Ist eine solche mechatronische Komponente eine abgeschlossene Einheit die nur aus einem Bauteil besteht, so hat sie gewöhnlich keine weitere Unterstruktur. Besteht eine mechatronische Komponente jedoch aus mehreren Bauteilen, die einzeln betrachtet auch eigene abgeschlossene mechatronische Komponenten darstellen können, so besitzt sie auch eine entsprechende Unterstruktur die im verwendeten Format abgebildet werden muss. Im AML-Standard wird die Beschreibung von Strukturen durch das Computer Aided Engineering eXchange (CAEX)-Format realisiert, welches gleichzeitig das Dachformat des Standards darstellt [EN15]. Der oberste Strukturknoten einer Komponente wird als SUC abgebildet. Unter diesem Knoten werden weitere Elemente als IEs, angehängt. Im Falle, dass diese Elemente bereits selbst in der System Unit Class Library vorhanden sind, werden sie entsprechend instanziiert und zur Stamm-SUC referenziert. Abbildung 3.2 zeigt ein entsprechendes Minimalbeispiel eines Pneumatikzylinders, der wiederum in der SUC *Zwei_Zylinder_System* zwei mal instanziiert wurde.

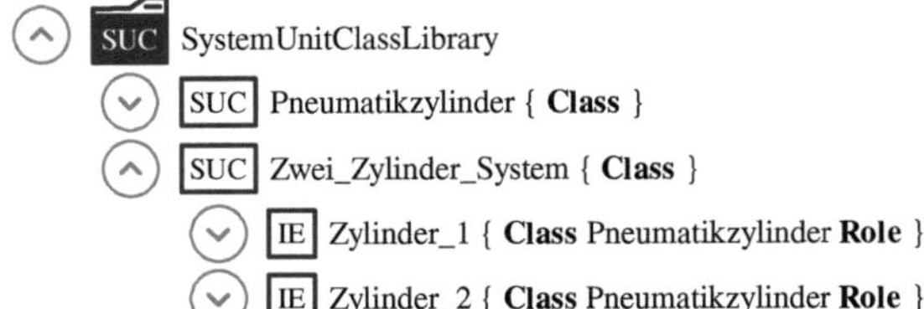

Abbildung 3.2: Abbildung von Strukturen mechatronischer Komponenten

Geometrie und Kinematik

Innerhalb von AML wird zur Beschreibung von Geometrie- und Kinematikdaten der internationale Standard *COLLADA* verwendet [EN16; LS17]. Entsprechend wird in dieser Arbeit ebenfalls das COLLADA-Format angewandt. Dabei erfolgt die Modellierung der Geometrie- und Kinematikdaten vollständig in COLLADA, die entsprechende Datei wird in CAEX referenziert. COLLADA selbst ist ausführlich in [AB06] beschrieben. Die wesentlichen Eigenschaften sind dabei, dass das Format Extensible Markup Language (XML)-basiert ist und eine modulare Struktur sowie alle notwendigen Voraussetzungen zur Darstellung von kinematisierten 3D-Modellen und -Szenen besitzt. Innerhalb der COLLADA-XML-Datei ist jedes einzelne Element über eine ID eindeutig identifizierbar. Diese Eigenschaft wird in AML-Projekten ausgenutzt. Im AML-Standard ist eine spezielle Interface Class (IC) definiert, die für das Anbinden von COLLADA an den Standard vorgesehen ist, das von der IC *ExternalDataConnector* abgeleitete sogenannte *COLLADAInterface*. Wie auch die IC *ExternalDataConnector* besitzt das *COLLADAInterface* das Attribut *refURI*, welches verwendet wird, um auf IDs innerhalb einer COLLADA-Datei zu verweisen. Dazu wird dem Attribut als Wert der Pfad und Name der zu referenzierenden COLLADA-Datei zugewiesen. Soll nicht eine ganze Datei sondern lediglich ein Objekt (wobei hier insbesondere eine Szene sinnvoll ist) darin referenziert werden, so wird an den Pfad und Namen ein # und anschließend die ID des entsprechenden Objekts angefügt. Dadurch ist jedes Objekt innerhalb einer COLLADA-Datei eindeutig referenzierbar. Zusätzlich enthält die IC *COLLADAInterface* das Attribut *refType*. Durch dieses Attribut wird spezifiziert, wie ein Objekt in einer Szene eingebettet ist [EN16]. Dabei soll standardmäßig der Wert *explicit* verwendet werden, um einen expliziten Verweis in AML zu realisieren. In Abbildung 3.3 wird das beschriebene Prinzip verdeutlicht. Dabei ist oben links die SUC Pneumatikzylinder inklusive ihrem *COLLADAInterface* und dessen Attributen dargestellt. Unten rechts ist ein Auszug der COLLADA-Datei Pneumatikzylinder.dae zu sehen. Dabei wurde der Verweis aus AML mittels ID auf ein Objekt innerhalb der COLLADA-Datei vorgenommen (Pfeil). Wird hingegen auf die ganze COLLADA-Datei verwiesen, so definiert das Element *scene* den Einstiegspunkt in die Datei [EN16].

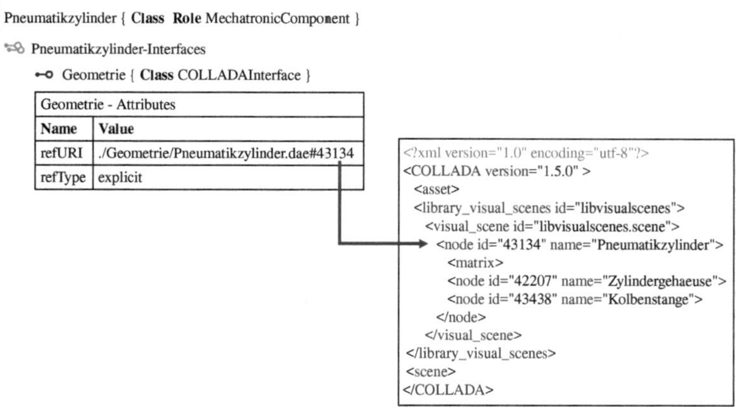

Abbildung 3.3: Anbindung von Geometrie mit Hilfe von COLLA-DA an AML

Steuerndes Verhalten

In AML wird zur Beschreibung von steuerndem Verhalten wie z.B. Anlagenabläufen oder SPSen die Sprache PLCOpenXML verwendet. Dabei wird der Standard vom gemeinnützigen, hersteller- und produktunabhängigen Verband PLCopen gepflegt. AML nutzt PLCOpenXML in den Versionen 2.0 und 2.0.1. Von den verschiedenen Modellierungsmöglichkeiten innerhalb von PLCOpenXML nutzt AML ausschließlich zwei, nämlich

Funktionsbausteinsprache (FBS) und Sequential Function Chart (SFC). Zur Referenzierung des Inhaltes einer PLCOpenXML-Datei existiert eine spezielle Interfaceklasse genannt *PLCopenXMLInterface*.

Gesteuertes Verhalten

Für gesteuertes Verhalten wird innerhalb von AML ebenfalls PLCOpenXML verwendet. Zusätzlich wird momentan über die Verwendung von *MathML* nachgedacht [LSY16].

In [Süß16b] wurde eine Anbindung des FMI-Standards an AML erarbeitet, welche im Folgenden zum Einsatz kommt. Dazu wird ein *FMUInterface* als *ExternalDataConnector* eingeführt. Dieses enthält wiederum ein *LogicInterface* und ein *VariableInterface* (siehe Abbildung 3.4). Dabei ist insbesondere das *VariableInterface* wichtig, um die einzelnen Variablen innerhalb von AML zu veröffentlichen. Dazu wird jede Variable der XML-Beschreibung der FMU entsprechend als *VariableInterface* veröffentlicht. Ein Beispiel mit den Variablen *s1*, *s2*, *pos*, *MM0* und *MM1* zeigt Abbildung 3.5.

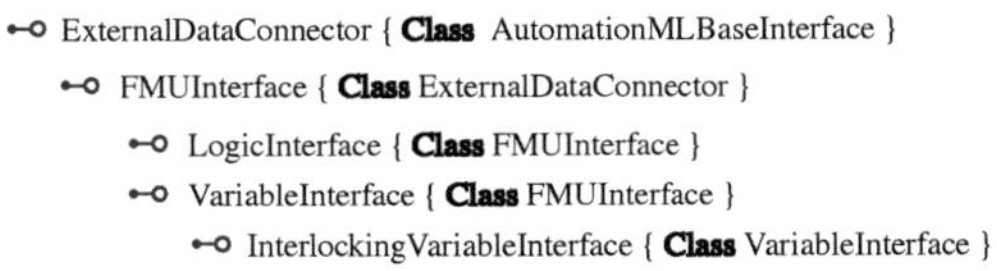

◕ ExternalDataConnector { **Class** AutomationMLBaseInterface }
  ◕ FMUInterface { **Class** ExternalDataConnector }
    ◕ LogicInterface { **Class** FMUInterface }
    ◕ VariableInterface { **Class** FMUInterface }
      ◕ InterlockingVariableInterface { **Class** VariableInterface }

Abbildung 3.4: FMU Interface

Sonstige Daten

Alle weiteren Daten werden im Folgenden analog zum AML-Standard angebunden. Weitere Informationen hierzu liefern unter anderem [LS17] und [Dra10].

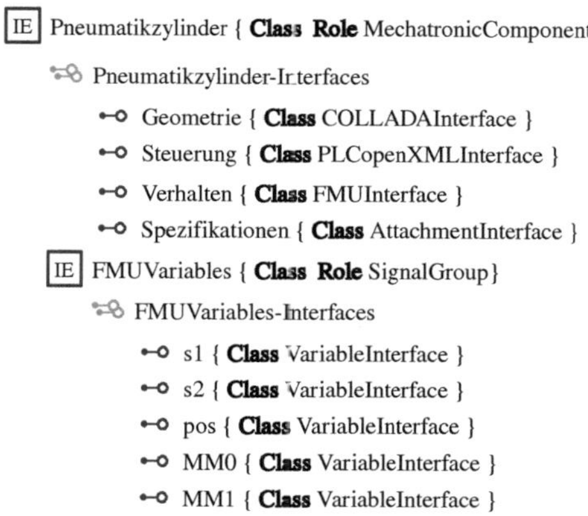

> IE Pneumatikzylinder { **Class Role** MechatronicComponent }
>   ⚬ Pneumatikzylinder-Interfaces
>   ⚬ Geometrie { **Class** COLLADAInterface }
>   ⚬ Steuerung { **Class** PLCopenXMLInterface }
>   ⚬ Verhalten { **Class** FMUInterface }
>   ⚬ Spezifikationen { **Class** AttachmentInterface }
>   IE FMUVariables { **Class Role** SignalGroup}
>   ⚬ FMUVariables-Interfaces
>   ⚬ s1 { **Class** VariableInterface }
>   ⚬ s2 { **Class** VariableInterface }
>   ⚬ pos { **Class** VariableInterface }
>   ⚬ MM0 { **Class** VariableInterface }
>   ⚬ MM1 { **Class** VariableInterface }

Abbildung 3.5: Anbindung einer FMU in AML

3.1.3 Anpassung der Modelle an die Bedürfnisse der Simulation

Schaut man einerseits auf den Anlagenentstehungsprozess und den gesamten Lifecycle einer Produktionsanlage und andererseits auf den Produktentstehungsprozess bei Herstellern mechatronischer Komponenten, so sind in beiden Szenarien zahlreiche Werkzeuge und Prozesse etabliert. Soll nun ein Austausch von Daten durchgeführt werden, so ist deren Syntax bei Sender und Empfänger der Daten in aller Regel nicht identisch. Beim Austausch von Verhaltensmodellen verschärft sich dieses Problem zusätzlich. Die Anforderungen der Nutzer von Modellen sind einerseits möglichst präzise Modelle direkt vom Komponentenhersteller zu erhalten, andererseits diese Modelle wegen unterschiedlicher Toollandschaften anpassen zu können. Die Herausforderung besteht also darin, dass der Hersteller seine Komponentenverhaltensmodelle in einer Form bereitstellt, die es dem Nutzer ermöglicht, diese für den eigenen Gebrauch zu modifizieren. Diese Transformation ist notwendig, um die bereits existierenden Werkzeuge und Prozesse weiternutzen zu können. Zudem nutzt der Anwender nicht immer alle Funktionen einer mechatronischen Komponente und ergänzt gewöhnlich die Funktionen der Komponente mit spezifischen Funktionalitäten, die auf individuellen Standards und Bedingungen basieren. Das können z.B. Benennung von Signalen, Erweiterung von Signalen, um eine sichere Verwendung von Komponenten zu ermöglichen, zusätzliche Signale zur Steuerung und Visualisierung des Status von Komponenten usw. sein.

Für die Komponentenhersteller wäre es außerordentlich schwierig, für jeden Benutzer eine kundenspezifische Komponente mit spezifischen Funktionen und Schnittstellen bereitzustellen [Liu15]. In diesem Zusammenhang ist es daher sinnvoll, dass Komponentenhersteller ihre Komponenten benutzerneutral bereitstellen und der Nutzer seine spezifischen Funktionalitäten selbst hinzufügt.

Um alle Anforderungen hinsichtlich der Bereitstellung von Verhaltensmodellen durch die Hersteller zu erfüllen, müssen verschiedene Arten von Verhaltensmodellen und deren Beziehungen eingeführt werden [SSD15].

Lieferung der Modelle durch den Komponentenhersteller

Ein sogenanntes Manufacturer Behavior Model (MBM) stellt das Verhaltensmodell einer mechatronischen Komponente dar, das vom Hersteller der Komponente erstellt sowie gepflegt wird und alle Aspekte des Verhaltens dieser Komponente enthält. Dieses MBM stellt ein Komponentenhersteller seinen Kunden zur Verfügung. Darüber hinaus sind MBMs für verschiedene Zwecke konzipiert und können für unterschiedliche Bedürfnisse verwendet werden. Diese Verhaltensmodelle müssen in einer standardisierten Form zur Verfügung gestellt werden, um die Kompatibilität zwischen allen Herstellern und allen Nutzern zu gewährleisten. Standardisierte Form heißt in diesem Fall speziell, dass die Schnittstellen der Verhaltensmodelle für jede Klasse von Komponenten standardisiert ist, worauf in Abschnitt 3.2 genauer eingegangen wird. Dadurch kann sichergestellt werden, dass einerseits der Komponentenhersteller nur ein Modell für jede Komponente pflegen muss und andererseits der Nutzer der Modelle von jedem seiner Hersteller für eine Klasse von Komponenten syntaktisch und semantisch gleiche Modelle erhält.

Notwendige Modifikationen und Generierung neuer FMUs

Sollen nun die bereitgestellten MBMs genutzt werden, so kann dies direkt mit der bereitgestellten Form der Modelle passieren. Wie oben bereits erwähnt ist es oftmals jedoch notwendig, die Form der Modelle an die Bedürfnisse der eigenen Umgebung anzupassen. Dazu wird der Begriff des User Behavior Model (UBM) eingeführt. Ein UBM ist ein Modell, dass vom Benutzer erstellt oder modifiziert wurde. Bei der Modifizierung erhält ein UBM eine oder mehrere MBMs sowie ggf. zusätzliche Funktionalitäten. Dies ist notwendig, um die MBMs an die Anforderungen und Standards anzupassen, die Nutzer der Modelle intern haben. Wichtig ist dabei, dass die MBMs selbst nicht geändert werden. Die Anpassungen werden vorgenommen, indem Funktionen um MBMs herum aufgebaut und in ein UBM verpackt werden.

Durch diese direkte Übernahme der Verhaltensmodelle ist es möglich, die MBMs an die Prozesse des Nutzers anzupassen. Zudem wird so sichergestellt, dass lediglich der Erzeuger eines MBM auch Änderungen daran vornehmen darf, wodurch auch eine durchgängige Versionierung gewährleistet werden kann.

Die so erstellten UBMs können anschließend selbst wieder als FMUs verpackt werden, sodass für das weiterverwendende Werkzeug Formal kein Unterschied zwischen einem MBM und einem UBM zu erkennen ist.

Das Prinzip von MBMs und UBMs ist in Abbildung 3.6 dargestellt, wobei *PBM* an dieser Stelle für Plant Behaviour Modell, also die eigentliche Anlagensimulation steht.

3.2 Schnittstellen der Komponentenmodelle

Wie bereits erwähnt ist es unerlässlich, die Modelle mechatronischer Komponenten für den einfachen Austausch zu standardisieren. Ein erster Schritt ist dabei die Wahl eines geeigneten Austauschformats. Dazu wurde das

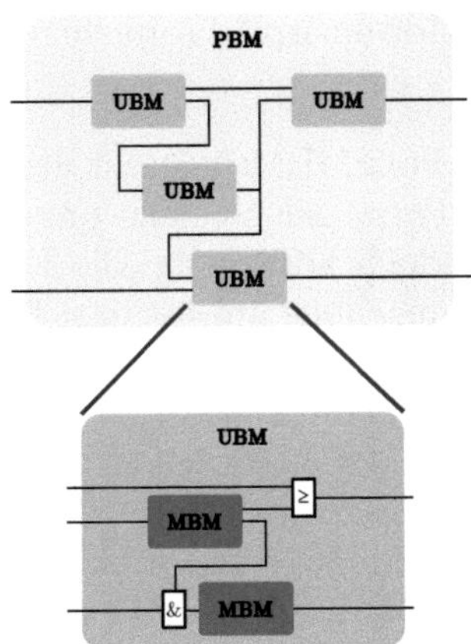

Abbildung 3.6: Verschiedene Modellarten in der Simulation

FMI-Format ausgewählt, auf welchem die restliche Arbeit beruht.

Neben dem Format ist jedoch auch die Semantik und Syntax der Modelle von großer Bedeutung. Wenn alle Werkzeuge, die Komponentenmodelle verwenden zwar das Austauschformat verstehen, nicht aber die Syntax der enthaltenen Formate, muss erneut manueller Aufwand in den Aufbau von Simulationen aus den Komponenten gesteckt werden. Daher ist es unerlässlich, auch die Schnittstellen der verwendeten Komponenten zu standardisieren.

Da die ausgetauschten Modelle meist in bestehende Simulations- und Werkzeuglandschaften eingebettet werden sollen, ist es sinnvoll, dass nicht jeder Hersteller einer Komponente seine eigene Schnittstellenausprägung vorgibt, sondern diese möglichst neutral für jede Gruppe von Komponenten vorgegeben wird. Dazu ist es notwendig, eine mechatronische Komponente einer eindeutigen Gruppe zuordnen zu können. Deshalb muss es wiederum möglich sein, aus allen in Betracht kommenden mechatronischen Komponenten eine Menge an Gruppen erstellen zu können.

4 Neueste Erkenntnisse im Bereich virtueller Absicherungen

Im Folgenden wird der Stand der Technik bezüglich der Erstellung, Einteilung und Verwendung von Verhaltensmodellen mechatronischer Komponenten untersucht. Solche Modelle werden hauptsächlich im Bereich virtueller Absicherungstechnologien für automatisierte Anlagen (z.B. VE oder VIBN) verwendet. Dabei wurden anfänglich spezielle Modelle nur für diese Zwecke modelliert. Mittlerweile wird mehr und mehr daran gedacht, die so erstellten Modelle über mehrere Phasen des Anlagenlebenszyklus zu verwenden.

4.1 Virtuelle Inbetriebnahme und Virtuelles Engineering

Bereits 2008 beschreiben Drath u. a. in ihrem Konferenzbeitrag [DWM08] eine Möglichkeit zur evolutionären Einführung der VIBN. Durch eine Aufrechterhaltung bestehender Engineering-Prozesse wird eine zügige Einführung der Methode auch für mittelständische Unternehmen beworben. Dabei werden in dem vorgestellten Ansatz sowohl SPS- als auch Robotersteuerungen simuliert, wobei hierzu der Originalsteuerungscode verwendet wird. Darüber hinaus werden eine Vereinfachung sowohl der verwendeten 3D-Daten als auch der zu erstellenden Verhaltenssimulation vorgeschlagen. Dies geschieht zum Einen zur Reduzierung der benötigten Rechenkapazitäten, zum Anderen zur Minimierung des Modellierungsaufwands. Die Kommunikation zwischen den einzelnen Simulationstools erfolgt mittels Open Platform Communications (OPC), entsprechendes Zeitverhalten der Kommunikation wird untersucht. Der Beitrag präsentiert so das erste Mal einen praktischen Ansatz zur wirtschaftlichen Einführung der VIBN und zeigt gleichzeitig die zu diesem Zeitpunkt wie teils auch heute noch bestehenden Herausforderungen bei der Einführung und Verwendung.

Grimm beschreibt in seinem Beitrag [Gri12] die VIBN als neuen Prozessschritt im Anlagenentstehungsprozess der Automobilindustrie. Er geht ausschließlich auf die technische Umsetzung ein. Dabei unterteilt er die VIBN in die drei Teile Busankopplung, Logik-Modell und 3D-Modell mit Roboter-Emulation und beschreibt diese. Weiterhin unterscheidet er die zwei Bereiche *Aufbau der Modelle* sowie *Virtuelle Inbetriebnahme*. Letzterer Bereich ist vor allem der Möglichkeit des Testens des SuT gewidmet und unterscheidet hier fünf Arten von Tests, nämlich die Tests des

- Sicherheitsprogramms, des

- Handbetriebs, des

- Automatikbetriebs, der

- Sonderfunktionen und der

- Störfälle.

Hierbei wird erwähnt, dass zum Zeitpunkt des Verfassens weder alle Störfall-Tests innerhalb einer VIBN getestet werden, noch bei allen automatisierten Stationen eine VIBN durchgeführt wird.

4.2 Weiterentwicklung der Modellierung von Anlagenkomponenten

Bergert u. a. und Walla u. a. präsentieren in ihren Beiträgen [BK10] und [WK11] neben der Möglichkeit der Integration neuer Produkte in den Lebenszyklus einer Anlage vor allem auch ein sogenanntes *Mechatronic Cell Model*. Dieses fasst steuerungsbezogenes Verhalten und erweiterte Geometriedaten einer mechatronischen Komponente in ein einziges Modell zusammen. Diese Zusammenführung kann sowohl in einem einzigen Datenformat erfolgen als auch aus zwei Modellen bestehen, welche dann innerhalb der Cell zusammengeschaltet werden.

In [SO14] wird speziell auf das Zusammenspiel einzelner Planungsschritte im Anlagenentstehungsprozess eingegangen. Hierbei wird insbesondere auch ein sogenanntes „mechatronisches Objekt" basierend auf Überlegungen aus [DWM08] als Gedankenmodell vorgestellt. Im Beitrag wird zusätzlich auf die Möglichkeit einer Feldbusemulation eingegangen und die Eignung des Siemens-Tools „Mechatronics Concept Designer" zur Visualisierung der 3D-Daten für die VIBN dargestellt. Durch diese Aspekte wird hier eine Möglichkeit erläutert, wie auch im klassischen deutschen Maschinenbau die VIBN effektiv eingesetzt und zur Verbesserung der zugrundeliegenden Steuerungstechnik beitragen kann.

Niggemann u.a. beschreiben in [Gra11] und [Sch13] im Rahmen des Forschungsprojekts *inITial* einen Weg, durch Model-Driven-Architecture HIL-Ansätze in der Automatisierungstechnik einfacher durchführen zu können. Es wird Modelica verwendet um Anlagen durch Re-Engineering zu beschreiben (deren Verhalten aufzunehmen). Anschließend wird dieses Verhalten in FMUs gewandelt. Zusätzlich wird AML verwendet um mit der Einführung eines *FMUInterface* (analog z.B. zum COLLADAInterface) die Modelle in diesen Standard zu beschreiben. Schnittstellen der Modelle werden jedoch nicht verlinkt, lediglich die Modelle selbst. Da ein großer Fokus auf dem Test, also der VIBN liegt, wird in den Arbeiten ein *Simulation Framework* eingeführt, welches die Simulation aufbaut und koordiniert. Die eigentliche Testbeschreibung und das Testmanagement findet in C# statt, was ebenfalls in das Simulation Framework integriert ist. In der Arbeit liegen noch einige Limitierungen vor, so findet der Simulationsmodellaufbau beispielsweise noch manuell statt. Grundsätzlich liegt aber ein großer Fokus auf der einfachen Durchführbarkeit von HIL-Simulationen für automatisierte Produktionsanlagen.

Liu u. a. beschreiben in ihren Beiträgen [Liu15], [Liu14], und [LD12] die Möglichkeit, Verhaltensmodelle für die VIBN mittels White-Box-Modell toolunabhängig zu beschreiben. Dafür wird innerhalb von AML die Sprache PLCOpenXML verwendet. Es werden Wege beschrieben, wie proprietäre Modelle von verschiedenen Simulationstools in das vorgeschlagene neutrale Austauschformat und zurück überführt werden können. Zudem werden Methodiken zum Test der Modelle und Ansätze zum gezielten Fehlereinbau in den Modellen vorgestellt. Eine genauere Betrachtung der Einteilung von Modellen in Gruppen findet nicht statt, die Ausprägung der Schnittstellen der Modelle bleibt proprietär, auch wenn die Schnittstellen selbst durch AML und PLCOpenXML beschrieben werden.

Lüder u. a. stellen in [LSY16] und [BLG17] zwei Methoden zur Beschreibung von Verhaltensmodellen gegenüber. Dabei sind beide Methoden zum Austausch und der Simulation dieser Verhaltensmodelle gedacht und können innerhalb von AML referenziert bzw. in AML integriert werden. Die erste Methode ist der Ansatz, PLCOpenXML in Kombination mit *MathML* (einem XML-Austauschformat für mathematische Gleichungen) zu verwenden. Die Zweite ist die Verwendung von FMI. In seinen folgenden Arbeiten wird hauptsächlich die erste Methode weiter verfolgt.

4.3 Automatisierung und Einbindung in ganzheitliche Datenmodelle

Bartelt u. a. beschreiben in [SBK14] und [BK16] die Ergebnisse des Förderprojekts conexing. Dabei wird die Problemstellung der Zusammenarbeit und des Datenaustausches unterschiedlichster Domänen während des Lebenszyklus einer Produktionsanlage und speziell während ihres Anlagenentstehungsprozesses betrachtet. Der Fokus liegt dabei speziell auf dem Datenaustausch, der bisher hauptsächlich durch PDFs erfolgt. Dazu werden innerhalb von AML sogenannte *Smart Components* eingeführt. Diese werden als Archiv abgelegt und enthalten beispielsweise AML-Daten, Datenblätter, Hinweise zur Instandhaltung und CAD-Daten. IO-Signale werden dabei ebenfalls beschrieben, eine speziellere Betrachtung von Schnittstellen (innerhalb der Smart Component als auch bezüglich deren Ausprägung) wird jedoch nicht vorgenommen. Die Smart Components sollen vom Hersteller der Komponente bereitgestellt werden, womit auch deren Einteilung und Schnittstellenausprägung herstellerabhängig übernommen wird.

Oppelt u. a. beschreiben in ihren Beiträgen [Opp16], [Opp14a], [Opp14b] und [OU14] eine Möglichkeit, Verhaltenssimulationen für die VIBN automatisch generieren zu lassen. Dabei untersucht er zunächst verschiedene Abstraktionsebenen einer Anlage und stellt eine Werkzeuglandschaft zur automatischen Simulationsmodellerstellung vor. Anschließend wird die Erstellung der Simulation mit Hilfe von Planungsdaten in fünf Schritte unterteilt. Im Punkt *Erzeugung von Simulationsobjekten* wird einmalig eine Bibliothek bestehend aus Modellen für alle benötigten Komponenten erstellt. Im Schritt *Erweiterung des Planungsobjekt* werden simulationsrelevante Daten im Planungstool selbst ergänzt wonach im Schritt *Mapping* die Zusammenführung der Planungsdaten mit den Simulationsobjekten erfolgt. Danach findet ein Austausch der Daten mit dem Nutzer der Simulation statt, welcher die eigentliche Modellgenerierung durchführt. Die Beiträge beziehen sich hierbei primär auf die Verfahrenstechnik, in [Opp14a] wird jedoch auch ein Beispiel einer Produktionsanlage angeführt. Der vorgestellte Ansatz zeigt also einen Weg auf, durch Ergänzung der Planungsdaten eine nachgelagerte Modellgenerierung zu automatisieren.

In [Pun15], [PF15a], [PF15b] und [Pun17] wird von Puntel Schmidt u. a. eine Methode vorgestellt, die es ermöglicht, die in AML vorliegenden Planungsdaten einer Anlage zur automatischen Generierung von Simulationsmodellen zu nutzen. Dazu werden sowohl sogenannte SystemUnitClasses des AML-Standards als auch das Klassifizierungssystem eCl@ss verwendet. Hierbei wird eCl@ss als Bindeglied zwischen den Planungsdaten und einer Simulations-SystemUnitClass verwendet, welche aus Modelica-Modellen besteht. Aus dem fertig generierten Simulationsmodell wird anschließend ein FMU generiert, welches echtzeitfähig auf einer HIL-Simulationsplattform läuft. Zur Validierung des Ansatzes wird eine Fördertechnikanlage verwendet. Die untersuchte Methode geht daher auf die Möglichkeit einer Modellgenerierung mit Hilfe von Klassifizierungssystemen ein.

Das Konsortium des Förderprojekts AVANTI stellt in [Süß16b], [SSD15], [Thr16] und [Hau17] einen Ansatz zur Lieferung von Verhaltensmodellen für die VIBN und das VE vom Komponentenhersteller zum Nutzer der Simulation vor. Dafür wird der FMI-Standard verwendet. Hersteller einer mechatronischen Komponente beschreiben diese in einer beliebigen Simulationssprache. Anschließend wird diese Beschreibung in ein neutrales Black-Box-Modell, die FMU, umgewandelt und zur Verfügung gestellt. Soll nun eine Simulation aus Komponentenmodellen aufgebaut werden, so werden diese miteinander verschaltet und in einer Co-Simulation simuliert. die Einteilung der Modelle in Gruppen ist dabei proprietär bzw. abhängig von der Struktur des Simulationsanwenders. Die Schnittstellen selbst sind durch FMI gut beschrieben, deren Ausprägung ist jedoch abhängig vom Lieferanten des Modells. Neben diesen Aktivitäten wurden innerhalb des Projektes auch andere Themen im Bereich virtueller Anlagenabsicherung unternommen. Beispielsweise wurde die automatisierte Erstellung und Durchführung von Testfällen für die VIBN weiterentwickelt und die Visualisierung der virtuellen Anlage um eine Physiksimulation ergänzt.

Das Konsortium des Förderprojekts Engineering Toolchain (ENTOC) stellt in [Aur18a], [Aur18b], [Aur17], [Sch16] und [Str16] Methoden vor, virtuelle Modelle und Techniken nicht nur innerhalb der virtuellen Anlagenabsicherung sondern über den gesamten Lebenszyklus der Anlage zu verwenden. Dafür werden ganzheitliche Ansätze betrachtet und die Modelle mit Informationen angereichert, die sie im gesamten Lebenszyklus benötigen. ENTOC kann als direktes Nachfolgeprojekt von AVANTI betrachtet werden und versucht, die dort erarbeiteten Ergebnisse durchgängiger zu nutzen. Zudem sollen die Bedingungen zur Bereitstellung, Lieferung und dem Bezug der aus AVANTI bekannten Modelle in Form von FMUs wesentlich weiterentwickelt und verbessert werden.

4.4 Vergleich der betrachteten Arbeiten

In diesem Abschnitt werden die betrachteten Ansätze miteinander verglichen. Der Vergleich ist tabellarisch in Tabelle 4.1 dargestellt. Dabei werden die zwölf betrachteten Ansätze (Falls diese im wesentlichen durch ein Forschungsprojekt unterstützt wurden ist dieses zusätzlich in der entsprechenden Spalte genannt) in je neun Kategorien betrachtet. Der Fokus dieser Betrachtung liegt auf den Verhaltensmodellen mechatronischer Komponenten, die Kategorien unterteilen sich in:

- **Modellerstellung:** Die Sprache oder das Format, in dem Modelle erstellt werden.

- **Modellquelle:** Woher kommen die Daten für die Modellierung der Modelle?

- **Modelleinteilung:** Werden die Modelle einer Einteilung in Gruppen oder Klassen unterzogen, wenn ja: Welche?

- **Auswertbarkeit:** Können die Modelle automatisiert ausgewertet werden?

- **Modellnutzung:** Die Phasen des Anlagenlebenszyklus, in der die Modelle genutzt werden.

- **Schnittstellen:** Die Sprache, die die Schnittstellen der Modelle beschreibt.

- **Schnittstellenausprägung:** Die Ausprägung der Schnittstelle, also Anzahl und Eigenschaften der Schnittstellen eines speziellen Modells.

- **Simulationsaufbau:** Unterteilung in manuelle, teil- und voll-automatische Verschaltung der Modelle zu einer Simulation.

- **Simulationswerkzeug(e):** Die Werkzeuge, die zur Simulation der Modelle verwendet werden.

Bei Betrachtung des Verlaufs der Arbeiten und Ansätze fällt auf, dass ein starker Trend in Richtung Modellerstellung zum Zwecke der einfachen Wiederverwendung und Datenaustauschs existiert. Dieser Aspekt ist in nahezu allen Arbeiten erkennbar. Zudem wird weitestgehend versucht, auf Reverse-Engineering bei der Erstellung von Modellen zu verzichten. Auch bei den Schnittstellen der Modelle und deren Auswertbarkeit ist ein klarer Trend hin zu offen beschriebenen, standardisierten Sprachen zu erkennen. Dies wiederum bildet in vielen Fälle die Grundlage zu höheren Automatisierungen des Simulationsaufbaus.

Der selbe Trend ist bei den verwendeten Simulationswerkzeugen noch nicht in dieser Klarheit erkennbar. Hier wird noch größtenteils auf etablierte proprietäre Werkzeuge gesetzt.

Dies hat unter anderem zur Folge, dass auch die Nutzung der Modelle noch sehr auf die virtuellen Absicherungsphasen des Anlagenlebenszyklus beschränkt sind, wenngleich sich erste Ansätze von diesem Gedanken lösen. Besonders auffallend ist, dass sowohl bei der Modelleinteilung als auch der Schnittstellenausprägung kein Trend weg von proprietären Methoden erkennbar ist. Es scheint dafür keine Notwendigkeit zu geben, solange die Nutzung der Modelle auf eine einzelne Phase des Lebenszyklus beschränkt bleibt.

Daraus lässt sich ein klarer Forschungsbedarf ableiten. Sollen Wege gefunden werden, Modelle mechatronischer Komponenten über den gesamten Lebenszyklus einer Anlage zu nutzen, so ist es unumgänglich, die Einteilung der Modelle in Gruppen oder Klassen vorzunehmen. Dadurch kann nicht nur die Schnittstelle selbst sondern auch deren Ausprägung für eine jeweilige Gruppe von Komponenten standardisiert werden. Ist dies erfolgt, so kann auch die durchgängige und ganzheitliche Nutzung der Modelle mechatronischer Komponenten über den gesamten Lebenszyklus einer Anlage realisiert werden.

In der vorliegenden Arbeit soll also die Frage bearbeitet werden, ob eine Möglichkeit existiert, mechatronische Komponenten und deren Verhaltensmodelle durch ihre Merkmale zu charakterisieren. Ebenso soll darauf aufbauend eine Klassifikation entwickelt werden, um eine Zuordnung einer beliebigen mechatronischen Komponente zu einer Klasse zu erreichen. Dadurch kann wiederum für jede Klasse von Komponenten eine standardisierte Schnittstelle zugeordnet werden.

In der vorliegenden Arbeit soll nun untersucht werden, ob eine Möglichkeit existiert, Modelle mechatronischer Komponenten zu Klassifizieren. Dabei ist eine Klassifizierung keine bloße Einteilung in einzelne Gruppen sondern umfasst auch die Möglichkeit, dass Komponenten anhand ihrer Eigenschaften einer bestehenden Gruppierung zugeordnet werden können. Zudem soll untersucht werden, inwiefern eine solche Klassifizierung die Nutzung von Komponentenmodellen über den gesamten Lebenszyklus produktionstechnischer Anlagen begünstigt.

Ansatz	Forschungsprojekt	Modellerstellung	Modellquelle	Modelleinteilung	Auswertbarkeit	Modellnutzung	Schnittstellen	Schnittstellenausprägung	Simulationsaufbau	Simulationswerkzeuge
Drath u. a.		proprietär	Simulationswerkzeug	-	-	VIBN	OPC	proprietär	manuell	Cosimir
Grimm		proprietär	reverse-engineering	proprietär/ Verwenderabhängig	teilweise	VIBN	proprietär	proprietär	teil-automatisiert	WinMOD, INVISION
Bergert u. a.	MyCar	proprietär	reverse-engineering	proprietär/ Verwenderabhängig	teilweise	VIBN	proprietär	proprietär	teil-automatisiert	WinMOD, INVISION
Strigl u. a.		proprietär	reverse-engineering	-	-	VE/VIBN	proprietär	proprietär	teil-automatisiert	NX MCD
Niggemann u. a.	inITial	FMU	reverse-engineering	nicht betrachtet	ja (FMI)	VIBN	FMI	proprietär	teil-automatisiert	eigenes Framework
Liu u. a.		PLC-OpenXML (AML)	neutrale Bibliothek	nicht betrachtet	ja (AML)	VIBN	PLC-OpenXML	proprietär	nicht betrachtet	WinMOD, SIMIT
Lüder u. a.		PLC-OpenXML & MathML (AML)	neutrale Bibliothek	nicht betrachtet	ja (AML)	VIBN	PLC-OpenXML	proprietär	nicht betrachtet	nicht betrachtet
Bartelt u. a.	conexing	Smart Component (AML)	unklar	proprietär/ Herstellerabhängig	ja (AML)	Ganzer Lebenszyklus	AML	proprietär	nicht betrachtet	diverse
Oppelt u. a.		proprietär	Simulationswerkzeug	-	-	Engineering/ VIBN	proprietär	proprietär	voll-automatisiert	SIMIT
Puntel-Schmidt u. a.		Modelica	verschiedene	eCl@ss	ja (AML-Verlinkung)	VIBN	Modelica	proprietär	voll-automatisiert	Modelica-Tools
Süß u. a.	AVANTI	FMU	Komponentenhersteller	proprietär/ Verwenderabhängig	ja (FMI)	VE/VIBN	FMI	proprietär	teil-automatisiert	FMI Co-Simulation
Auris u. a.	ENTOC	FMU	Komponentenhersteller	proprietär/ Verwenderabhängig	ja (FMI)	Ganzer Lebenszyklus	FMI	proprietär	teil-automatisiert	FMI Co-Simulation

Tabelle 4.1: Vergleich der betrachteten Arbeiten

5 Klassifizierung der Komponentenmodelle

Zur Effizienzsteigerung virtueller Absicherungsprozesse im Anlagenentstehungsprozess soll zunächst auf die Standardisierung von Komponentenmodellen eingegangen werden. Dabei soll durch die Standardisierung speziell der Verhaltenssimulationsmodelle erreicht werden, dass diese ad hoc für Simulationen verwendet werden können, ohne dass sich der Simulationsanwender erst lange mit jedem einzelnen Modell beschäftigen muss. Diese Plug-and-play-Funktionalität soll dabei mit allen Simulationsmodellen mechatronischer Komponenten möglich sein. Zur Realisierung einer solchen Standardisierung und den damit einhergehenden Vorteilen sind drei wesentliche Überlegungen notwendig. Zunächst muss geklärt werden, wie und wo die Modelle erstellt und entsprechend gegebenenfalls bereitgestellt werden. Anschließend muss für alle verfügbaren Komponenten eine Klassifizierung erfolgen. Basierend auf dieser Klassifizierung können dann entsprechend standardisierte Schnittstellen für jede Klasse definiert werden.

5.1 Die Bereitstellung des mechatronischen Komponentenmodells

Wie bereits beschrieben besteht momentan eines der größten Probleme innerhalb virtueller Absicherungsprozesse im Anlagenentstehungsprozess darin, dass die Simulationsmodelle, die das Verhalten einer mechatronischen Komponente beschreiben, vom Anwender selbst erzeugt werden müssen. Gleichzeitig ist im modernen Produktentstehungsprozess der Einsatz von Simulationstechnik mittlerweile Standard, teilweise wird sogar bereits virtuell entwickelt [FG13]. Dieser momentan vorhandene Prozess unter Verwendung einer proprietären Verhaltenssimulation wird in Abbildung 5.1 für die Modellversorgung der VIBN dargestellt. Es erscheint sinnvoll, diese zwei Bewegungen - die der zunehmenden Verwendung von Simulationen und virtuellen Absicherungsprozessen sowohl im Anlagen-

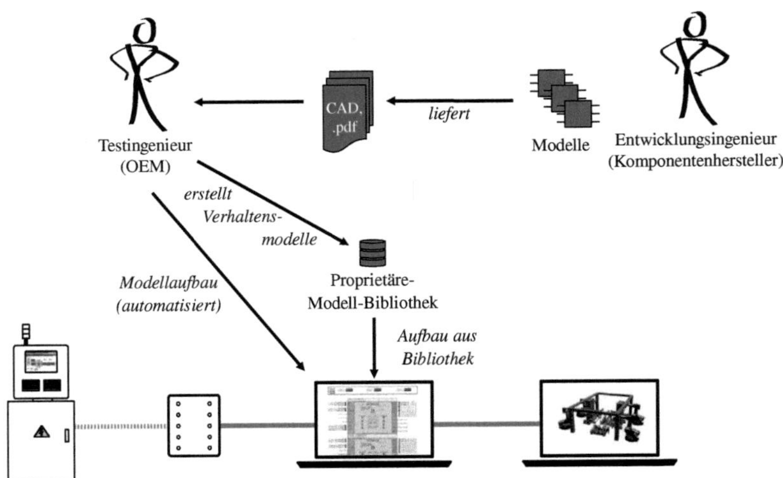

Abbildung 5.1: Bereitstellung der Verhaltensmodelle bisher

entstehungsprozess als auch im Produktentstehungsprozess - entsprechend auszunutzen. Wer eine mechatronische Komponente herstellt, hat auch ein entsprechendes Simulationsmodell davon, wer diese Komponente in komplexen Anlagen verbaut benötigt eben dieses Modell.

Es muss also ein Weg gefunden werden, auf dem die Komponentenhersteller bereit sind, ihren Kunden die Simulationsmodelle zu liefern. Zudem muss ein potenzieller Nutzer dieser Modelle in der Lage sein, die so zur Verfügung gestellten Modelle sinnvoll und effizient zu verwenden. Wird zuerst die Möglichkeit der effizienten Anbindung beim Anwender betrachtet, gibt es hier prinzipiell zwei Möglichkeiten die Modelle effizient zu nutzen. Zum einen können Modelle offen, also als White-Box-Modelle zur Verfügung gestellt werden. Dadurch wäre ein (Simulations-)Programm in der Lage, die Inhalte des Modells zu interpretieren um zu verstehen, wie dieses in die Simulation einzufügen ist. Zum anderen können Modelle geschlossen, also als Black-Box-Modelle geliefert werden, womit eine solche Interpretation ausgeschlossen ist. Dann muss die Einbindung in die Simulation über eine Standardisierung der Schnittstelle der Modelle realisiert werden (was auch für die erste Option möglich und sinnvoll, wenn auch nicht zwangsläufig notwendig ist). Nichtsdestotrotz wäre eine Verwendung von White-Box-

Modellen laut [LSY16] für den Anwender von Vorteil, speziell auch um eine einfache Einbindung in XML-basierte Datenformate zu erleichtern (siehe auch Abschnitt 3.1.2). Im Folgenden wir dargestellt, wieso in der vorliegenden Arbeit trotzdem auf Black-Box-Modelle gesetzt wird.

Betrachtet man die Umstände, unter denen ein Komponentenhersteller bereit ist, Simulationsmodelle seiner Komponenten zu liefern, so fallen speziell zwei Aspekte besonders ins Gewicht. Einerseits der Aufwand der entsteht, um die Modelle zur Verfügung zu stellen, andererseits die Sicherheit die gewährleistet sein muss, das in den Modellen steckende Know-How zu schützen. Da entsprechende Simulationsmodelle der Komponenten beim Komponentenhersteller ohnehin zur Verfügung stehen, gilt es nun also zur Minimierung des Aufwandes, diese Modelle möglichst unverändert zu nutzen. Würden alle Komponentenhersteller und idealerweise auch all deren Kunden die gleiche Simulationsumgebung verwenden, so könnte der Austausch sehr einfach über Ex-/Import-Funktionalitäten realisiert werden. Nun ist die verwendete Landschaft der Simulationsumgebungen jedoch sehr heterogen. Nicht nur die Komponentenhersteller selbst verwenden nicht alle die selbe Umgebung, auch die potentiellen Anwender einer VIBN verwenden unterschiedlichste Umgebungen. Müsste ein Komponentenhersteller nun, ähnlich wie dies beispielsweise für 3D-CAD-Modelle üblich ist, für alle gängigen Simulationsumgebungen entsprechende Modelle zur Verfügung stellen, wäre der Aufwand für ihn kaum zu vertreten, ein solcher Ansatz wäre also nur evolutionär ausrollbar. Im Gegensatz dazu scheint es in dieser Situation sinnvoll, eine neutrale Beschreibung der Verhaltensmodelle zu fokussieren. Dadurch ist ein Komponentenhersteller unabhängig von der verwendeten Simulationsumgebung in der Lage, durch entsprechende Export-Funktionalitäten die benötigten Modelle bereitzustellen. Gleichzeitig ist es einem Anwender der VIBN möglich, das so bereitgestellte Modell zu importieren und entsprechend umgebungsunabhängig zu verwenden. Betrachtet man den Sicherheitsaspekt der Modellbereitstellung, so scheint die Verwendung von neutralen White-Box-Beschreibungen zunächst suboptimal. Zwar können sicherlich Verschlüsselungstechnologien eingesetzt werden, doch spätestens zur Laufzeit des Modells muss entschlüsselt werden. Der Wissensschutz gestaltet sich hier also schwierig [LSY16]. Daher bleibt die Verwendung von neutralen Black-Box-Modellen die einzig sinnvolle Möglichkeit. Im Forschungsprojekt AVANTI [AVA] wurde diese Fragestellung ebenfalls behandelt. Nach dem Vergleich verschiedener Ansätze wurde hier der FMI-Standard [FMI], [Blc12] als beste Lösung identifiziert. Dieser zeichnet sich besonders durch folgende Eigenschaften aus [FMI14]:

- Ausdrucksstärke, da viele Simulationssprachen abbildbar sind.

- Stabilität und Abwärtskompatibilität sind gewährleistet.

- Implementierungsvielfalt, da Modelle automatisiert, transferiert oder manuell erstellt werden können.

- Prozessor- und Simulations-Unabhängigkeit, ein Modell wird unabhängig vom Ziel-Prozessor oder -Simulator erzeugt.

- Kleiner Laufzeit-Aufwand und kleine Größe der Modelle und Simulation.

- Unterstützung vieler und verschachtelter Modelle.

- Numerische Robustheit.

Ein einzelnes Modell, welches ausgetauscht werden kann wird dabei als FMU bezeichnet. Grundsätzlich gibt es zwei Wege, wie eine FMU aufgebaut sein kann. Zum einen als FMI for Model Exchange, wo die FMU ausschließlich das Simulationsmodell als White-Box enthält und wo der Solver von der Ziel-Simulationsumgebung gestellt wird. Zum anderen als FMI for Co-Simulation, wo die FMU neben dem Simulationsmodell auch den Solver der Quell-Simulationsumgebung enthält und beide kompiliert als Black-Box geliefert werden. In beiden Fällen ist die Anbindung bzw. der Import der FMU über die FMI-Schnittstelle standardisiert. Wie bereits beschrieben bietet ein Black-Box-Modell sicherheitstechnisch wesentliche Vorteile, weshalb im folgenden der Co-Simulationsansatz verwendet wird.

Mit der ausgeführten Verwendung des FMI-Standards wird der Komponentenhersteller nun also erstmals in die Lage versetzt, seine intern ohnehin verfügbaren Simulationsmodelle mechatronischer Komponenten seinen Kunden aufwandsminimiert und sicherheitsunkritisch zur Verfügung zu stellen. Das Prinzip dieses Prozesses ist in Abbildung 5.2 dargestellt. Neben der einfachen Bereitstellung der Modelle hat die beschriebene Vorgehensweise auch den Vorteil, dass FMI ein offener Standard ist und die Verhaltens-

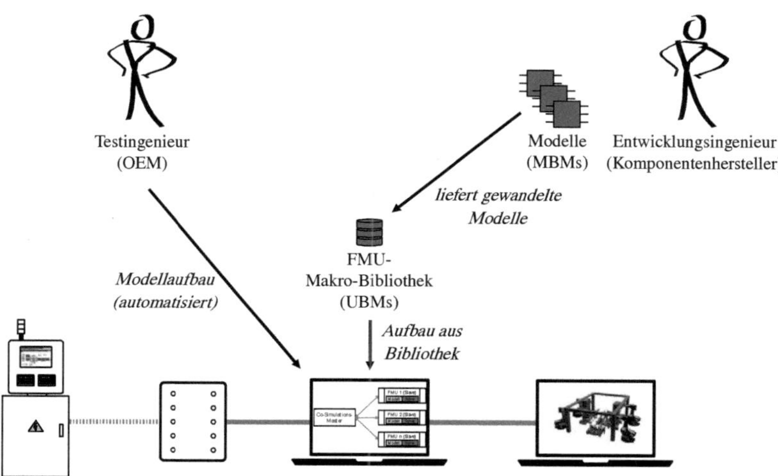

Abbildung 5.2: Innovation in der Bereitstellung der Verhaltensmodelle

simulation als solche nun nicht mehr proprietär sondern standardisiert erfolgt.

Wie bereits erwähnt, muss bei der Bereitstellung als Black-Box-Modell eine Standardisierung der Syntax und Semantik, also des Inhalts der Schnittstelle (die Form ist bereits durch FMI vorgegeben) erfolgen. Eine Standardisierung jeder Einzelnen ist bei einer sehr großen Anzahl an Komponenten jedoch recht aufwändig und kaum leistbar. Stimmiger ist die Standardisierung der Schnittstelle einer Klasse von Komponenten. Können mehrere Komponenten einer Klasse zugeordnet werden, so ist eine identische Schnittstellenausprägung sinnvoll. Dadurch lässt sich zum einen der Aufbau der Anlagen-Verhaltenssimulation aus den Komponentenmodellen automatisieren, zum anderen ist im Anlagenentstehungsprozess eine gezielte Suche nach Komponenten möglich, die bestimmte Merkmale mitbringen, um die an sie gestellte Anforderungen zu erfüllen. Um nun für eine Klasse von Komponenten eine standardisierte Ausprägung ihrer Schnittstellen zu definieren, ist die Einteilung der Komponenten in Klassen notwendig. Die mechatronischen Komponenten müssen also klassifiziert werden.

5.2 Klassifizierung mechatronischer Komponenten

Zur Einteilung aller vorhandenen mechatronischen Komponenten in einzelne Gruppen soll an dieser Stelle die Klassifizierung dieser Komponenten genauer betrachtet werden. Dazu werden drei mögliche Wege der Klassifizierung, die *Produktspezifizierungs-Standards*, die *Multivariaten Analysemethoden* sowie *Methoden der biologischen Systematik und Taxonomie* genauer analysiert. Die betrachteten Klassifizierungsansätze mit ihren jeweiligen Methoden sind in Abbildung 5.3 dargestellt. Dabei wird das Verhalten der Komponenten als Klassifizierungsbasis zugrunde gelegt. Anschließend Verschiedene Klassifizierungsansätze

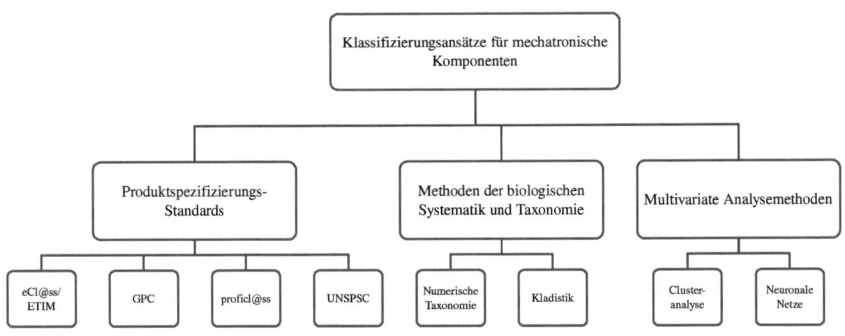

Abbildung 5.3: Überblick der betrachteten Klassifizierungsansätze

wird die Umsetzung der zuvor als am besten geeignetsten Methoden an einem Minimalbeispiel erläutert. Zudem werden die verschiedenen gewählten Ansätze auf die Produktspezifizierungs-Standards angewendet um anschließend Methodenkombinationen zu betrachten. Nachdem die Methoden generisch betrachtet und die bestmögliche identifiziert wurde, werden passende Merkmale und relevante Komponenten ausgewählt, um auf deren Grundlage eine erstmalige Identifikation der Klassen sowie die Einordnung neuer Komponenten zu den identifizierten Klassen durchzuführen.

5.2.1 Produktspezifizierungs-Standards

Mit der fortschreitenden Digitalisierung der industriellen Welt wurden in den letzten 20 Jahren verschiedene Arten von Klassifizierungsstandards (auch als Produktspezifizierungs-Standards bezeichnet) entwickelt und eingeführt. Das Hauptziel der Entwicklung dieser Standards war die Nutzung für eine schnellere und einfachere Handhabung von Produktdaten in Vertriebs-, Marketing- und Verwaltungsabteilungen. Dennoch können diese Standards auch zur Nutzung im Forschungs- und Entwicklungsbereich herangezogen werden, ihre Nutzung in diesen Bereichen stieg in den letzten Jahren. Die gängigsten Systeme sind dabei [BG08], [HLS07]

- eCl@ss,

- ETIM,

- GPC,

- proficl@ss und

- UNSPSC.

eCl@ss Diese internationale Produkt- und Dienstleistungsbeschreibung sowie Klassifizierungsstandard, der in Deutschland sehr verbreitet ist, wurde bei seinem Entwurf als System für den Informationsaustausch zwischen Lieferanten und ihren Kunden entwickelt. Er besitzt eine vierstufige Hierarchie (Sachgebiete, Hauptgruppen, Gruppen, Untergruppen), wobei jede Ebene zur eCl@ss-Kennung zwei Ziffern hinzufügt, was zu einem achtstelligen Code für jedes aufgeführte Produkt oder jede aufgeführte Dienstleistung führt. Das eCl@ss-Datenmodell basiert auf DIN 4002 / ISO 13584 / IEC 61360. Es ist in diversen Sprachen verfügbar, wobei Englisch und Deutsch die umfassendsten Versionen sind. Das am besten passende Sachgebiet um mechatronische Komponenten für Automobil-Produktionsanlagen zu beschreiben ist Sachgebiet 27 *Elektro-, Automatisierungs- und Prozessleittechnik*. Ein direktes Sachgebiet ausschließlich für mechatronische Komponenten ist nicht verfügbar. Auch wenn eCl@ss selbst keine Klassifizierung auf Grund von Merkmalen darstellt, besitzen die eingeordneten Produkte in der untersten Ebene verschiedene Merkmale.

ETIM ETIM International (**E**lektro**t**echnisches **I**nformations**m**odell), ehemaliges ETIM Deutschland e.V. ist eine Vereinigung zur Standardisierung der Produktbeschreibung von technischen Produkten der Elektrotechnik-Branche. ETIM und eCl@ss haben eine Kooperationsvereinbarung mit dem Ziel, ihre Strukturen vollständig zu vereinheitlichen. Deshalb ist ETIM der Koordinator des Sachgebiets 27 von eCl@ss. Das Klassifikationsmodell von ETIM verwendet sechs Entitäten (Produktgruppen, Produktklassen, Synonyme (Schlüsselwörter), Merkmale, Werte und Einheiten), denen sechs Ziffern folgen, um den verwendeten Bezeichner zu vervollständigen (Ausnahme: Synonyme haben keine Identifikatoren).

GPC Die **G**lobal **P**roduct **C**lassification ist Teil des GS1-Systems. GS1 ist eine internationale Non-Profit-Organisation, die Standards für Liefer- und Nachfrageketten mit einer breiten Palette unterschiedlicher Branchen entwickelt und aufrechterhält. GPC ist ein Vier-Level-System mit den Ebenen Segment, Family, Class und Brick. Für den Anwendungsfall von mechatronischen Komponenten ist GPC nicht passend, da kein geeignetes Segment vorhanden ist.

proficl@ss ist eine weitere Taxonomie für Produkte, die von proficl@ss International e.V. entwickelt wurde. Die Klassifizierungshierarchie hat drei Ebenen, der Code für die Klassifizierung hat zehn Ziffern und ist eher unsystematisch. Proficl@ss hat ebenfalls eine Kooperation mit eCl@ss, weshalb versucht wird, ihre Strukturen miteinander zu verbinden. Sie ist spezialisiert auf die Industriebereiche Gebäude, Haustechnik und industrielle Versorgung. Aus diesem Grund sind einige mechatronische Elemente innerhalb von proficl@ss verfügbar, einige andere fehlen.

UNSPSC Der **U**nited **N**ations **S**tandard **P**roducts and **S**ervices **C**ode ist eine offene und internationale Standardklassifikation von Produkten und Dienstleistungen innerhalb verschiedenster Bereiche. Es handelt sich um eine vierstufige Hierarchie (Segment, Family, Class, Commodity), bei der jede Ebene einen zweistelligen Zahlencode besitzt, wobei eine optionale fünfte Ebene (Business Function) existiert, was zu einem acht- oder zehnstelligen Code führt. Die verschiedenen mechatronischen Komponenten, die in Automobil-Produktionsanlagen eingesetzt werden, können mit UNSPSC beschrieben werden. Allerdings besitzt diese Taxonomie zwei Nachteile. Zum einen sind nicht alle benötigten Komponenten in einem Segment. Vor allem die Segmente 23 und 31 enthalten relevante Commodities. Zum anderen sind die Commodities eher generisch. Ein Blick auf pneumatische Komponenten zeigt beispielsweise, dass lediglich „pneumatic actuators" und „valve actuators" in der entsprechenden Class (mit der Nummer 312515) verfügbar sind. Der Unterschied zwischen einem regulären Kolbenzylinder und einem pneumatischen Rotationsaktuator (z.B. einem pneumatischen Spanner) ist beispielsweise nicht in verschiedenen Commodities spezifiziert.

Schlussfolgerung und Bewertung Nach der Identifizierung der gängigsten Produktspezifikationen auf dem Markt, müssen diese hinsichtlich ihrer Verwendung zur Klassifizierung mechatronischer Komponenten beurteilt werden. Daher sind die fünf Kategorien *Internationalität* (wie viele Sprachen unterstützt werden, wie viele nationale Konsortien zur Verfügung stehen usw.), *Verbreitung* und Durchdringung des Markts (wie üblich ist die Nutzung), *angemessener Umfang* (sind alle benötigten Elemente verfügbar), *passende Struktur* (ist die Struktur gut für den fokussierten Anwendungsfall zu verwenden) und *strukturelle Tiefe* (ist die Struktur tief genug für den gewünschten Anwendungsfall) berücksichtigt worden. Das Ergebnis dieser Einschätzung ist in Tabelle 5.1 dargestellt. Ein Plus (+) bedeutet, dass das System die Kategorie erfüllt, ein Minus (-) bedeutet, dass das System sie nicht erfüllt, ein Plus-Minus (+-) bedeutet, dass es teilweise erfüllt und das N/A bedeutet, dass die Kategorie nicht auf das Klassifizierungssystem anwendbar ist. Für mehr Details sei an dieser Stelle auf [Süß16a] und [SD16] verwiesen.

Es ist offensichtlich, dass aus den betrachteten Produktspezifizierungs-Standard eCl@ss am besten geeignet ist, um mechatronische Komponenten

	eCl@ss	ETIM	GPC	proficl@ss	UNSPSC
Internationalität	+-	-	+	+-	+
Verbreitung	+-	+	+-	+-	+
angemessener Umfang	+	+	-	-	+
passende Struktur	+	+	N/A	N/A	+-
strukturelle Tiefe	+	+	N/A	N/A	-

Tabelle 5.1: Vergleich verschiedener Produktspezifizierungs-Standards

für standardisierte Schnittstellen von Verhaltensmodellen zu klassifizieren. Dennoch haben alle diese Spezifikationsnormen einige Nachteile. Die strukturelle Tiefe ist zum Beispiel nicht immer angemessen, da sie auf eine bestimmte Anzahl fixiert ist. Dadurch werden komplexe Bauteile wie ein Industrieroboter eher grob klassifiziert, wo einfachere Bauteile sehr detailliert eingestuft werden (z. B. ein Pneumatikzylinder). Darüber hinaus ist einer der größten Nachteile, dass die Klassifizierung von Komponenten in die bestehenden Standards manuell realisiert wird. In eCl@ss können z.B. jeder Klasse Merkmale zugeordnet werden, aber eine Klassifizierung in die Klassen auf Basis dieser Merkmale ist nicht möglich. Infolgedessen muss eine Methode gefunden werden, die vorhandene und identifizierte Merkmale einer mechatronischen Komponente verwendet, um die Komponenten den existierenden Klassen zuzuordnen oder zusätzliche benötigte Klassen zu identifizieren, falls keine Passenden existieren.

5.2.2 Multivariate Analysemethoden

Multivariate Analysemethoden sind Methoden der multivariaten Statistik, die Objekte analysieren und dabei nicht nur eine, sondern mehrere Variablen dieser Objekte berücksichtigen. Ziel dabei ist es, Zusammenhänge und Abhängigkeiten zwischen den Objekten zu erkennen und/oder zu überprüfen. Im Vergleich zu univariaten Analysemethoden, bei denen nur eine Variable zu einem Zeitpunkt analysiert werden kann, haben multivariate Analysemethoden den Vorteil, dass Abhängigkeiten und Strukturen zwischen allen Variablen berücksichtigt werden können. Wenn also die Variablen der untersuchten Objekte untereinander Abhängigkeiten besitzen, wie es bei mechatronischen Komponenten für Produktionsanlagen der Fall ist, sind multivariate Analysemethoden geeignete Methoden. Innerhalb der multivariaten Analyse gibt es zwei Hauptmethoden, struktur-prüfende sowie struktur-entdeckende Verfahren. Offensichtlich sind an dieser Stelle nur struktur-entdeckende Verfahren von Bedeutung, um eine Klassifikation für mechatronische Komponenten erstellen zu können. Es existieren viele struktur-entdeckende Verfahren, beispielsweise die Faktorenanalyse, die Clusteranalyse, neuronale Netze, multidimensionale Skalierung oder die Korrespondenzanalyse [Bac16], [Hai14].

Die am besten geeigneten Methoden zur Klassifizierung mechatronischer Komponenten sind das sogenannte Clustering oder Cluster-Analyse sowie die neuronalen Netze. Die anderen ebenfalls erwähnten Methoden sind dazu geeignet, komplexe Variablen einer oder mehrerer Betrachtungen zu visualisieren und zu klassifizieren. Clustering und Neuronale Netze hingegen sind insbesondere dazu geeignet, eine Vielzahl von Objekten mit mehreren Variablen zu visualisieren und zu klassifizieren. Neuronale Netze sind eher komplex und sehr gut für nichtlineare Problemstellungen geeignet. Außerdem benötigen sie immer einen Test-Datensatz, der das Netz trainiert bevor die eigentlichen Daten analysiert werden. Da solch große Datenmengen zum Einlernen des Algorithmus für die gegebene Problemstellung nicht zur Verfügung stehen und das Problem kein nichtlineares ist, wird an dieser Stelle nur das Clustering, als die am besten geeignetste multivariate Analysemethode zur Klassifizierung mechatronischer Komponenten, weiter diskutiert.

Merkmalsausprägungen und Skalenniveaus

Ausgangspunkt aller weiteren Betrachtungen ist eine sogenannte Rohdatenmatrix, in der alle zu untersuchenden Objekte sowie deren Merkmale, in diesem Kontext auch Variablen bezeichnet, aufgetragen sind. Diese Merkmale müssen so gewählt werden, dass sie die zu untersuchenden Objekte möglichst gut charakterisieren (vgl. Abschnitt 5.3.2). Dabei repräsentiert eine Zeile ein Objekt mit den Ausprägungen seiner einzelnen Merkmale, wohingegen eine Spalte die Ausprägung eines Merkmals über alle Objekte darstellt (vgl. Tabelle 5.4). Die Ausprägung der Merkmale kann nun auf verschiedenen Skalenniveaus basieren, wobei ein Merkmal immer das gleiche Niveau besitzt [Bac16]. Es existieren vier verschiedene Kategorien von Skalenniveaus, nämlich

- die **Nominalskala**, welche qualitative Merkmalsausprägungen abbilden kann (z.B. Postleitzahlen, Geschlecht, etc.),

- die **Ordinalskala**, welche zusätzlich einen Rang der Ausprägung beinhaltet (z.B. Schulnoten),

- die **Intervallskala**, die zudem den Abstand zwischen den Ausprägungen beinhaltet (z.B. Datum, Temperatur), sowie

- die **Verhältnisskala**, bei der zu den bisherigen Ausprägungen auch ein absoluter Nullpunkt existiert, der die Information des Fehlens der Merkmalsausprägung beinhaltet (z.B. Alter oder die meisten physikalischen Merkmale wie Länge oder Gewicht).

Die Nominal- und Ordinalskala werden zusammengefasst oft auch als kategoriale- oder nicht-metrische Skala bezeichnet. Die Intervall- und Verhältnisskala dagegen tragen zusammen auch die Bezeichnung kardinale- oder metrische Skala. Zudem ist ein Sonderfall der Nominalskala, dass lediglich eine binäre Ausprägung des Merkmals existiert. Sie wird als binäre oder dichotome Skala bezeichnet.

Clustering

Clustering bietet Lösungen auf die Frage, ob verschiedene betrachtete Objekte irgendwelche Beziehungen oder Ähnlichkeiten zueinander haben [Eve11]. Untersuchte Objekte, die sehr ähnlich sind, sollten in Gruppen, sogenannten Clustern, gebündelt werden, wohingegen diese Cluster möglichst verschieden voneinander sein sollten. Demzufolge kann Clustering eine entsprechende Taxonomie von mechatronischen Komponenten liefern. Dabei werden Merkmale der untersuchten Objekte verwendet, um diese zu gruppieren. Da sehr viele verschiedene Clusteringmethoden existieren werden die relevantesten kurz eingeführt.

Clusterverfahren untersuchen primär die Ähnlichkeiten und Unähnlichkeiten der untersuchten Objekte auf Grund ihrer Merkmale und fassen diese in Cluster zusammen. Dabei unterscheiden sich alle Verfahren im wesentlichen in zwei Punkten [Bac16], [Eve11], nämlich

- der Wahl des **Proximitätsmaßes**, also der Methode, mit der die Ähnlichkeit oder Unähnlichkeit der untersuchten Objekte bestimmt wird, und

- der Wahl des **Gruppierungsverfahrens**, also der Methode wie aus den Objekten und deren Ähnlichkeit Cluster gebildet werden.

Backhaus u. a. schlagen in [Bac16] folgende Vorgehensweise zur Durchführung einer (agglomerativen) Clusteranalyse aufgeteilt in drei Schritte vor, an die sich auch in der vorliegenden Arbeit gehalten werden soll:

1. **Bestimmung der Ähnlichkeiten** bzw. Distanzen der untersuchten Objekte durch einen Zahlenwert (Proximitätsmaß).

2. **Zusammenfassung der Objekte mittels Fusionierungsalgorithmus**, der die betrachteten Objekte nach und nach bis zu einer einzigen Gruppe zusammenfasst.

3. **Bestimmung der Clusteranzahl**, die für das betrachtete Problem die geeignete Lösung darstellt.

Bestimmung der Ähnlichkeiten   Bevor einzelne Objekte in Cluster zusammengeführt werden können, wird im Clustering die Ähnlichkeit oder alternativ die Distanz der einzelnen Objekte zueinander auf Grundlage der betrachteten Merkmale errechnet. Dabei entsteht eine quadratische Ähnlichkeits- oder Distanzmatrix. Die Methode oder auch das Maß, mit der die einzelnen Ähnlichkeits- oder Distanzmaße bestimmt werden nennt man das Proximitätsmaß [Eve11]. Das Ähnlichkeitsmaß spiegelt die Ähnlichkeit zweier Objekte wieder, je größer das Maß, desto ähnlicher sind sich die Objekte. Beim Distanz- oder Unähnlichkeitsmaß ist es umgekehrt, es spiegelt die Unähnlichkeit wieder, je größer dieses Maß, desto unähnlicher sind sich zwei Objekte. Zwei Objekte sind dementsprechend nahe beieinander, wenn ihre Ähnlichkeit groß ist oder ihre Unähnlichkeit klein. Um diese Zusammenhänge zu bewerten existiert eine große Anzahl verschiedener Proximitätsmaße, die nach dem Niveau der Skala auf die sie angewendet werden unterschieden werden. In Anlehnung an [Bac16] und [Hai14] zeigt Tabelle 5.2 einen Auszug der gängigsten Maße, wobei links die unterschiedlichen Skalenniveaus aufgetragen sind.

	Ähnlichkeitsmaße	Distanzmaße
binär	Jaccard-Koeffizient M-Koeffizient Russel & Rao Koeffizient	Binäre Euklidische Distanz Lance-Williams-Maß Binäre Form-Differenz
nominal	Tranformation in binäre Variable Analyse von Häufigkeitsdaten	Chi-Quadrat-Maß Phi-Quadrat-Maß
metrisch	Kosinus Pearson-Korrelation	Euklidische Distanz Minkowski Metrik

Tabelle 5.2: Auszug der gängigsten Proximitätsmaße

Eines der universellsten Maße stellen dabei die sogenannten *Minkowski* oder L_r-*Metriken* dar, die gegeben sind zu

$$d_{ij}^{(r)} = \left[\sum_{k=1}^{K} |x_{ki} - x_{kj}|^r \right]^{1/r} \tag{5.1}$$

mit

$$r = \text{Rang der Minkowski-Metrik}$$
$$d_{ij}^{(r)} = \text{Distanz zwischen den Objekten } i \text{ und } j,$$
$$x_{ki/j} = \text{Ausprägung des Merkmals } k \text{ bei Objekt } i \text{ bzw. } j \text{ und}$$
$$K = \text{Anzahl der Merkmale } k.$$

Wird der Rang r dabei zu $r = 1$ gewählt, entsteht die *City-Bolck-* oder

Manhattan-Distanz, für $r \rightarrow \infty$ die *Maximums-Distanz*. Eines der geeignetsten Distanzmaße stellt die sogenannte *euklidische Distanz* dar, die entsteht wenn der Rang der L_r-Metrik zu $r = 2$ gewählt und entsprechend in Gleichung (5.1) eingesetzt wird. Dieses Proximitätsmaß soll an dieser Stelle verwendet werden.

Transformation der Merkmalsausprägung Denkt man an metrische Skalenniveaus wird schnell klar, dass verschiedene Größenordnungen unterschiedlicher Merkmale zu unterschiedlichen absoluten Ähnlichkeitswerten führen. Eine sehr feine Skala, die jedoch absolut nur sehr geringe Werte besitzt (z.B. eine prozentuale Angabe mit Werten von 0 bis 1) liefert sehr viel kleinere Ähnlichkeiten als eine Skala mit hohen Absolutwerten (z.B. ein Gewicht mit einer Angabe von 0 kg bis 1000 kg). Es findet also aufgrund der verwendeten Messskala eine implizite Gewichtung der Merkmale statt. Um solche Effekte bei der Verwendung von metrischen Skalenniveaus zu eliminieren empfiehlt es sich, vor der Bestimmung der Ähnlichkeiten eine Transformation der Werte der einzelnen Merkmale über alle betrachteten Objekte durchzuführen (in diesem Kontext auch Normierung oder Standardisierung genannt) [Ber81]. Dabei existieren eine ganze Reihe an Merkmalstransformationen. Eine für Clustering besonders geeignete Methode ist die Transformation der Merkmale auf einen Wertebereich, bei dem ein Mittelwert von 0 und eine Standardabweichung von 1, also (unter der Annahme, dass die Rohdaten normalverteilt sind, was sich statistisch nachweisen lässt) die Standardnormalverteilung erreicht wird [Hai14]. Diese Transformation, zumeist Standardisierung, in der Statistik auch als z-Transformation oder Studentisierung bezeichnet [Sch10], ergibt sich für die Objekte $i = 1 \ldots n$ und die Merkmale $j = 1 \ldots m$ zu

$$z_{ik} = \frac{x_{ik} - \bar{x}_k}{S_k} \tag{5.2}$$

mit

$x_{ik} = $ Ausprägung des Merkmals k bei Objekt i,

$\bar{x}_k = $ (arithmetischer) Mittelwert des Merkmals k über alle O Objekte und

$S_k = $ (empirische) Standardabweichung des Merkmals k über alle O Objekte.

Nach Durchführung dieser z-Transformation auf die Standardnormalverteilung ist die implizite Gewichtung auf Grund unterschiedlicher Messskalen eliminiert. Dadurch wird es deutlich einfacher die Merkmale untereinander zu vergleichen, da sie alle gleich skaliert sind. Im Bezug auf die Skala des betrachteten Merkmals sind positive Werte überdurchschnittlich, negative hingegen unterdurchschnittlich. Gleichzeitig verändert diese Art der Transformation lediglich die absoluten Werte, nicht aber die Abstände der Merkmalsausprägungen untereinander.

Zudem existieren nach [Vog77] noch die relevanten Transformationen

- L_r-Normierung, bei denen der Mittelwert jeweils auf Null, und das r-te absolute Moment um das arithmetische Mittel 1 transformiert wird,

- [0,1]-Normierung, die die Werte in das genannte Intervall transformiert,

- Gewichtung, die sehr allgemein einen Faktor für jedes Merkmal zur Transformation nutzt,

- Median-Normierung, welche die L_1-Normierung unter Verwendung des Median statt des Mittelwerts darstellt (und statt dieser verwendet wird, wenn keine Standardnormalverteilung vorliegt),

- Logarithmierung, bei der die Merkmalsausprägung logarithmiert wird und

- Prozent-Normierung, bei der die Merkmalsausprägung prozentuiert wird.

Eine besondere Rolle spielt dabei L_r-Normierung, die laut [Ber81] gegeben ist als

$$z_{ik} = \frac{x_{ik} - \bar{x}_k}{S_k^{(r)}} \tag{5.3}$$

mit

$$S_k^{(r)} = \left[\frac{1}{O} \sum_{i=1}^{O} |x_{ik} - \bar{x}_k|^r \right]^{1/r}. \tag{5.4}$$

Da insbesondere Gleichung (5.4) dem Prinzip der L-Normen der Distanzmatrizen aus Gleichung (5.1) folgt, ist diese Normierung besonders bei deren Verwendung sinnvoll. Weiterhin kann beobachtet werden, dass Gleichung (5.3) mit $r = 2$ Gleichung (5.2) entspricht. Da für das selbe r die L-Norm der Euklidischen Distanz entspricht, ist die z-Transformation für dieses Distanzmaß sowohl statistisch betrachtet als auch analytisch berechnet identisch und wird in der vorliegenden Arbeit deshalb als Normalisierung verwendet.

Verwendung unterschiedlicher Skalenniveaus Ein generelles Problem bei der Berechnung von Ähnlichkeits- und Distanzmaßen stellt die Verwendung unterschiedlicher Skalenniveaus bei verschiedenen Merkmalen der betrachteten Objekte dar. Die bisher betrachteten Proximitätsmaße sind jeweils nur für ein Skalenniveau geeignet. In der Literatur existieren verschiedene Methoden unterschiedliche Skalenniveaus zu kombinieren. Diese lassen sich laut [Fah96] in zwei Vorgehensweisen einteilen, [Eve11] ergänzt dies um eine Weitere.

1. **Skalengerechte Proximitätsmaße** Die naheliegendste Lösung des Problems bietet die getrennte Behandlung der Merkmale, die unterschiedliche Skalen besitzen. Dabei wird jedes der K Merkmale seinem entsprechenden Skalenniveau zugeordnet. Für die so entstandenen Gruppen wird getrennt mit dem jeweils passenden Proximitätsmaß ein Teildistanzmaß errechnet. Anschließend werden diese einzelnen Distanzmaße aggregiert. Eine einfache gewichtete Gleichung dafür ist gegeben durch [Fah96]

$$d_{ij} = \frac{1}{K}\left(a_{\text{binär}} \, d_{ij}^{(\text{binär})} + a_{\text{nominal}} \, d_{ij}^{(\text{nominal})} + a_{\text{metrisch}} \, d_{ij}^{(\text{metrisch})} \right),$$

   wobei $d_{ij}^{(\text{binär})}$ die Distanz zwischen Objekt i und Objekt j aller binären Merkmale, $a_{\text{binär}}$ die Anzahl aller binären Merkmale (usw.) darstellt.

2. **Generalisierte Proximitätsmaße** Durch generalisierte Proximitätsmaße, die sich in komplexeren Algorithmen ausdrücken, lassen sich verschiedene Skalen unter Verwendung eines einzigen Proximi-

tätsmaßes miteinander verbinden. Einer der gebräuchlichsten generalisierten Ansätze ist der Ansatz nach Gower [Gow71]. Er kombiniert dabei im wesentlichen eine Normierung nach dem Einheits-Bereich mit dem Distanzmaß der L_1-Normierung. Die entsprechende Distanz berechnet sich also zu

$$d_{ij}^{(k)} = \frac{|x_{ik} - x_{jk}|}{\max\limits_i x_{ik} - \min\limits_i x_{ik}},$$

wobei $d_{ij}^{(k)}$ die Distanz zwischen Objekt i und Objekt j des Merkmals k darstellt.

3. **Skalentransformation** Abschließend existiert die Möglichkeit der Transformation aller Merkmale auf ein einziges Skalenniveau mit anschließender Nutzung eines entsprechenden Proximitätsmaßes. Dabei kann die Transformation einerseits von einem höheren auf ein niedrigeres Skalenniveau erfolgen. In diesem Fall geht ein Teil der Information verloren, da ein niedrigeres Skalenniveau immer weniger Information besitzt als ein höheres. Eine metrische Skala kann beispielsweise durch die Einteilung in Ränge [Fis17] in eine ordinale Skala gewandelt werden. Dabei geht jedoch die Information des tatsächlichen Abstands verloren, es findet eine implizite Linearisierung statt. Außerdem können im Prinzip alle Skalen dichotomisiert, also in eine Binärskala umgewandelt werden.

Von einer ordinalen Skala ist dieser Prozess recht einfach, da die Ränge einfach binär codiert werden. Von metrischen Skalen aus werden diese in Bereiche eingeteilt. Hier gilt es abzuwägen, wie die Bereiche einzuteilen sind [Bac16]. Der Informationsverlust kann dabei immens sein, besonders wenn nur wenige binäre Variablen verwendet werden, bei der Verwendung beliebig vieler binären Variablen hingegen kann der Informationsverlust minimiert werden.

Andererseits kann ein niedrigeres Skalenniveau auf ein höheres transformiert werden. Dabei wird jedoch dem niedrigen Skalenniveau Informationsgehalt zugesprochen, den er so eigentlich nicht besitzt [Fah96], weshalb dieser Ansatz in der Literatur meist nicht weiter betrachtet wird. Was hier jedoch außer Acht gelassen wird ist, dass auch die Häufigkeit des Vorkommens eines bestimmten Zustands nicht-metrischer Merkmale eine gewisse Aussagekraft besitzt, die in manchen Fällen hilfreich sein kann. Beispielsweise sollen binäre Niveaus durch die in Gleichung (5.2) beschriebene z-Transformation in metrische Skalenniveaus transformiert werden. Dadurch wird den binären Merkmalen mehr Information zugestanden als sie eigentlich besitzen. Sind bei einem einzelnen Merkmal vor der Transformation gleich viele Nullen und Einsen vorhanden, so ergibt die Normierung um den Mittelwert 0 mit der Standardabweichung 1 eine Aufteilung der Werte auf -1 für 0 und 1 für 1, ihr Abstand beträgt also 2. Um so seltener ein Merkmal vorhanden ist, umso (absolut) größer wird jetzt sein Wert nach der Transformation. Damit wird auch der Abstand (und die später berechnete Distanz bei Verwendung des euklidischen Distanzmaßes) zwischen den beiden Variablen größer, er hat also mehr Einfluss auf die Klassifizierung. Genau dieser Effekt ist es, der in den meisten Anwendungsfällen unerwünscht ist. Im hier betrachteten Kontext der Clusteringmethoden für mechatronische Komponenten ist diese Eigenschaft aber gerade von Nutzen. Sind beispielsweise nur sehr wenige pneumatische Komponenten vorhanden aber sehr viele Elektrische, so ist die Distanz zwischen zwei Objekten, bei denen dieses Merkmal ungleich ist, größer als wären gleich viele pneumatische und elektrische Komponenten vorhanden. Die Seltenheit einer Merkmalausprägung erhöht also die Distanz zwischen Objekten, die in diesem Merkmal einen Unterschied aufweisen.

Zusammenfassung der Objekte mittels Fusionierungsalgorithmus
Nachdem die Ähnlichkeiten bzw. Distanzen zwischen den untersuchten Objekten berechnet wurden, folgt beim Clustering die eigentliche Einteilung in verschiedene Cluster durch Fusionierung der Objekte mittels entsprechender Algorithmen. Um die bestmögliche Zusammenfassung der Objekte in Cluster zu erreichen, erfolgt zunächst die Auswahl des Fusionierungsalgorithmus. In Anlehnung an [Bac16] zeigt Abbildung 5.4 verschiedene existierende Fusionierungsalgorithmen. Die auf Grund ihrer Bedeutung in der Anwendung beim Clustering allgemein und auf die Anwendung der Klassifizierung mechatronischer Komponenten am besten geeigneten Vorgehensweisen sind dabei die *Hierarchischen Verfahren*, die hier eingeführt werden. Diese teilen sich in *agglomerative* und *divisive* Verfahren

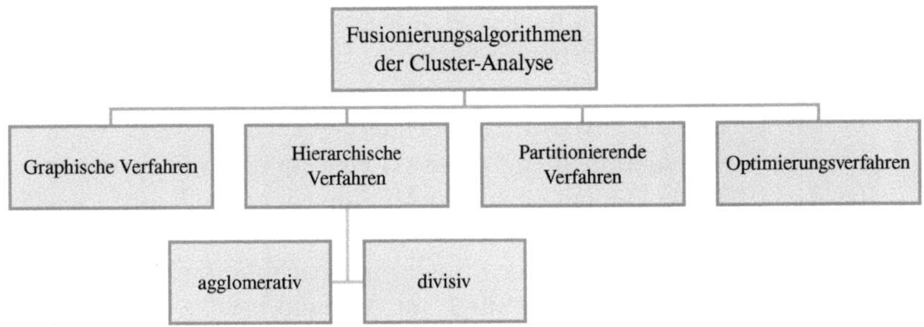

Abbildung 5.4: Einteilung der Fusionierungsalgorithmen im Clustering in Anlehnung an [Bac16]

auf. Dabei gehen agglomerative Verfahren davon aus, dass alle Untersuchungsobjekte O ein eigenes Cluster sind (Anzahl der Cluster $C = O$) und fassen dann solange zusammen bis nur noch ein einziges Cluster ($C = 1$) existiert, während divisive Verfahren von einem Cluster ausgehen und dieses solange aufteilen, bis die Anzahl der Cluster der der untersuchten Objekte entspricht. Da den agglomerativen Verfahren in der Praxis die größte Bedeutung zukommt [Bac16] werden diese hier genauer betrachtet.

All diesen Verfahren ist der in Abbildung 5.5 dargestellte Ablauf gemein.

Sie unterscheiden sich lediglich in der Art und Weise, in der nach dem Fusionieren zweier Cluster die Abstände zwischen dem neuen Cluster und den alten Clustern berechnet werden. Einige der gebräuchlichsten Verfahren sind

- Single Linkage,

- Complete Linkage,

- Average Linkage (ungewichtet und gewichtet),

- Centroid,

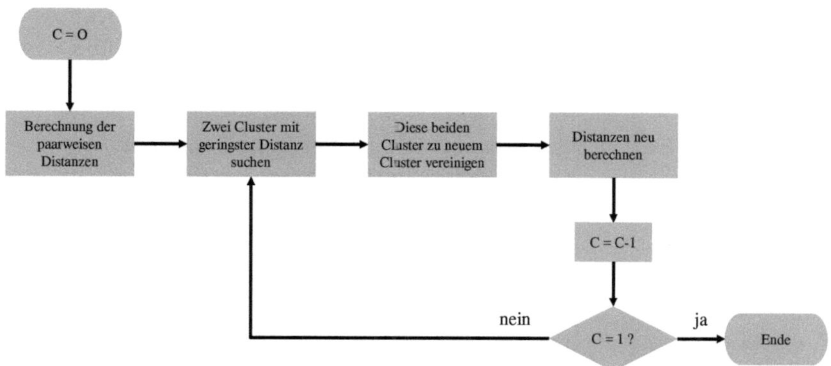

Abbildung 5.5: Ablaufschritte des Fusionierungsalgorithmus bei agglomerativen Clusteringverfahren

- Median und

- Ward.

Dabei haben die verschiedenen Verfahren unterschiedliche Eigenschaften. Die wichtigsten davon sind in Tabelle 5.3 aufgeführt [Ber81], [Koh05], [Bac16].

Verfahren	Eigenschaft	Proximität	Bemerkungen
Single-Linkage	kontrahierend	alle	neigt zur Kettenbildung
Complete-Linkage	dilatierend	alle	neigt zu kleinen Gruppen
Average-Linkage	konservativ	alle	-
Centroid	konservativ	Distanzmaße	-
Median	konservativ	Distanzmaße	-
Ward	konservativ	Distanzmaße	etwa gleich große Gruppen

Tabelle 5.3: Vergleich agglomerativer Clusterverfahren nach [Ber81], [Bac16] und [Koh05]

Dabei beschreibt die Spalte Eigenschaft die Neigung der Verfahren zu bestimmten Gruppenbildungen. Ein Verfahren ist kontrahierend, wenn zunächst wenige große Gruppen und später viele kleine Gruppen gebildet werden. Besonders Ausreißer lassen sich damit gut identifizieren. Dagegen neigt ein dilatierendes Verfahren dazu, etwa gleich große Gruppen zu bilden. Konservativ ist ein Verfahren dann, wenn es keine besondere Neigung zu einen der gerade genannten Eigenschaften aufweist.

Das Ward-Verfahren scheint eines der am besten geeignetsten Verfahren für die vorliegende Aufgabenstellung zu sein [Ber81]. Als Besonderheit dieses Verfahrens sei genannt, dass es stets versucht die Heterogenität der Cluster zu minimieren, was wiederum durch ein Varianzkriterium geschieht. Dabei ist das Varianzkriterium im Falle des Ward-Verfahrens genau die euklidische Distanz [Ber81], was wiederum gut zu den in den vorherigen Schritten gewählten Vorgehensweisen passt.

Bestimmung der Clusteranzahl Eine ebenso wesentliche Herausforderung beim Clustering wie die Einteilung in Gruppen ist die Identifizierung der bestmöglichen/ korrekten Anzahl an Clustern. Da agglomerative Verfahren die Gruppen grundsätzlich solange fusionieren, bis die Clusteranzahl eins beträgt, muss im Nachgang die ideale Clusteranzahl zwischen 1 und $O - 1$ identifiziert werden. Milligan u. a. stellen in [MC85] 30 verschiedene sogenannte *Stopping-Rules* vor, wobei sie Anhand eines umfangreichen Beispiels diese Verfahren bewerten. Zwei der besten Verfahren stellen dabei der sogenannte Point-Biserial-Index [Mil80; Mil81] sowie das Relationsverfahren nach Duda [DHS01] dar.
Der Point-Biserial-Index basiert dabei einerseits auf der ursprünglichen Abstandsmatrix, andererseits auf einer dichtonomen Matrix mit einer 0 an Stellen, wo die Eigenschaften zusammen geclustert sind und einer 1 an Stellen, an denen dies nicht der Fall ist. Anschließend wird eine Punkt-Biserial-Korrelationsanalyse durchgeführt. Die Stelle, an der die Analyse den höchsten Wert liefert wird die optimale Clusteranzahl vermutet. Da diese Methode dazu neigt, eher wenige Cluster zu ermitteln, wird sie im Rahmen dieser Arbeit dazu verwendet, die Gruppeneinteilung vorzunehmen. An dem Punkt im Clustering, an dem die ermittelte Clusteranzahl erreicht ist, werden alle dann noch zu einem Cluster gehörenden Objekte

der entsprechenden Gruppe zugeordnet.

Das Relationsverfahren nach Duda hingegen verfolgt einen etwas anderen Ansatz. Dabei wird die Fehlerquadratsumme zweier Cluster zur Fehlerquadratsumme des neuen Clusters, zudem diese zusammengefasst werden ins Verhältnis gesetzt. Realisiert wird dieser Ansatz durch die Addition der Innergruppenstreuung der zwei Cluster im Verhältnis zur Innergruppenstreuung des neuen Clusters. Die Stelle, an der dieser Wert an nächsten an 3,2 liegt wird nach [MC85] als optimale Clusteranzahl definiert. Mit dieser Methode werden in der vorliegenden Arbeit die Anzahl der Untergruppen bestimmt, da sie dazu neigt, eine größere Anzahl an Gruppen zu bilden. Eine Übersicht aller eingeführten Verfahren in diesem Kapitel liefert Tabelle A.2.

5.2.3 Methoden der biologischen Systematik und Taxonomie

Die Bereiche Klassifizierung, Systematik und Taxonomie sind in der Biologie wohlbekannt oder konkreter gesprochen, die Biologie hat diese Disziplinen zur Einteilung von Arten eingeführt. Mechatronische Komponenten haben Ähnlichkeit mit der Evolution der Arten. Sie werden ständig optimiert und meist auch in Produktfamilien weiterentwickelt. Daher wird an dieser Stelle ein genauerer Blick auf die Methoden der biologischen Systematik und Taxonomie geworfen. Grundsätzlich können taxonomische Methoden in die folgenden drei Bereiche eingeteilt werden:

- **Evolutionssystematik**, bei der bewertet wird, wann sich eine wichtige Innovation ereignet hat. Auf Grund dieser Bewertung werden entsprechend neue Taxa gebildet.

- **Phänetik**, auch numerische Taxonomie genannt, bildet hierarchisch angeordnete Taxa auf Grund von Merkmalsähnlichkeiten jedoch ohne Berücksichtigung von Verwandtschaftsverhältnissen.

- **Phylogenese**, auch phylogenetische Systematik oder Kladistik genannt, bildet Taxa auf Grund von Merkmalen, die auf einem gemeinsamen Vorfahren beruhen und beschreibt damit die evolutionsbedingte, stammesgeschichtliche Entwicklung von Organismen.

Da bei der Methode der Evolutionssystematik die Bewertung der Innovation am Grad der erreichten Anagenese (also der Diversifizierung der Merkmale) jeder einzelnen Art festgesetzt wird, ist die Bestimmung einzelner Taxa hier nicht objektivierbar [ZSM09]. Algorithmisch ist diese Methode dadurch kaum zu verwenden und für die Klassifizierung großer vorliegender Datenmengen eher ungeeignet, weswegen dieser Ansatz hier nicht weiter betrachtet wird. Die beiden anderen Ansätze werden im Folgenden, insbesondere im Hinblick auf die Klassifizierung mechatronischer Komponenten beschrieben.

Die Phänetik zur Klassifizierung mechatronischer Komponenten

Die Phänetik, vermehrt auch numerische Taxonomie genannt, bezeichnet Methoden zur Erstellung einer Taxonomie auf Grund von Merkmalen der betrachteten Objekte. Dabei werden auf Grund der Merkmale die Ähnlichkeiten der betrachteten Objekte berechnet und daraus die hierarchische Anordnung von Arten unabhängig von deren biologischen Verwandtschaftsbeziehungen erstellt [ZSM09]. Sie wurde 1961 durch Sokal und Sneath in [SS61] eingeführt und führte zu einigen Veränderungen in der biologischen Systematik. Quantifizierung, Objektivität und Wiederholbarkeit der Methoden zur Erstellung einer Taxonomie sind nunmehr selbstverständlich. Diese Methoden haben sich ebenso in anderen Domänen bewährt und sind entsprechend weiterentwickelt worden. Heute werden im wesentlichen die bereits diskutierten Methoden der Clusteranalyse verwendet, um die Ähnlichkeiten der betrachteten Objekte zu ermitteln und eine Einteilung in entsprechende Gruppen vorzunehmen.

In der Biologie selbst wurde die Phänetik mittlerweile größtenteils von der Phylogenese ersetzt bzw. verdrängt. Dies hat insbesondere zwei Gründe. Der eine Grund ist der, dass die Phänetik eine Vielzahl verschiedener Formeln zur Berechnung der Stammbäume bereit hält, die auch teilweise unterschiedliche Bäume liefern. Es gibt jedoch noch keine Möglichkeit zu unterscheiden, welcher dieser Bäume der „richtigste" ist. Es kann also nicht ohne Weiteres unterschieden werden, ob eine Ähnlichkeit auf

Grund einer verwandtschaftlichen Beziehung oder ohne diese Grundlage identifiziert wurde. Der zweite Grund ist der, dass die Algorithmen implizit eine konstante Evolutionsgeschwindigkeit annehmen. Es wird also vorausgesetzt, dass sich zwei betrachtete Objekte im gleichen Maße über der Zeit verändert haben (im Wesentlichen also, dass sich die Merkmale der betrachteten Objekte etwa gleich schnell ändern). Verändert sich ein Objekt deutlich schneller als das Andere, so wird von der Phänetik auf Grund der geringeren Ähnlichkeit der beiden Objekte ein weitläufigeres Verwandtschaftsverhältnis diagnostiziert, als dies tatsächlich der Fall ist. Die Phänetik hat also durchaus ihre Berechtigung zur Klassifizierung von Objekten. Insbesondere dann, wenn keine Verwandtschaftsverhältnisse angenommen werden oder diese für eine Klassifizierung nicht von Bedeutung sind stellt sie ein brauchbares Instrument dar. Im hier angenommenen Kontext der existenten Verwandtschaftsverhältnisse mechatronischer Komponenten zueinander, spielt die Phänetik jedoch keine weitere Rolle.

Die Phylogenese zur Klassifizierung mechatronischer Komponenten

Die Phylogenese, auch phylogenetische Systematik oder Kladistik genannt, ist die evolutionsbedingte, stammesgeschichtliche Entwicklung von Lebewesen. Phylogenetische Bäume sind Binär-Bäume mit denen diese Abstammungsverhältnisse dargestellt werden. Jedes Taxon (Art, Familie, ...) entspricht dabei einem Knoten des Baumes. Ist dieser Knoten ein Blatt, hat also keine nachfolgende Abzweigung, so ist das mit ihm identifizierte Taxon eine noch lebende oder eine ohne Nachkommen ausgestorbene Art und wird auch End-Taxon genannt. Ansonsten gehen von jedem Knoten zwei Kanten aus, die eine evolutionäre Abspaltung in zwei neue Taxa beschreiben. Es wird also davon ausgegangen, dass zu jeder Art sowohl eine Schwesterart als auch ein gemeinsamer Vorfahre existiert. Dieses Prinzip der Weiterentwicklung von Arten nennt man Kladogenese. Die Wurzel eines phylogenetischen Baumes ist also der letzte gemeinsame Vorfahre aller End-Taxa des Baumes. Der gesamte phylogenetische Baum und jeder seiner Unterbäume wird auch als Klade bezeichnet. Eine Klade ist also ein als Wurzel definiertes Ur-Taxon und alle seine Nachfahren. Diese Systematik geht auf den Biologen Willi Hennig zurück und kann beispielsweise in

[ZSM09] eingehender studiert werden.

Es soll ein phylogenetischer Baum für eine gegebene Menge von N End-Taxa anhand M binärer Merkmale konstruiert werden. Jedes Taxon kann dabei ein Merkmal besitzen, 1, oder nicht besitzen, 0. Die Merkmale sind (ohne Beschränkung der Allgemeinheit) so definiert, dass der letzte gemeinsame Vorfahre keines der Merkmale besitzt (ansonsten ist das Merkmal zu negieren).

Phylogenetische Bäume werden so konstruiert, dass alle End-Taxa mit einem Blatt identifiziert werden, jeder innere Knoten einen Vorfahren darstellt, an jeder Kante ein Merkmal hinzukommt oder wegfällt, und dabei die Wurzel, also der letzte gemeinsame Vorfahre, keines der Merkmale besitzt. Ein Beispiel einer solchen Konstruktion ist in Abbildung 5.6 gegeben. Ausgebend von einer Merkmals-Matrix, welche die 6 Charakteristika den 5 Taxa A bis E zuordnet, wird zunächst eine Baum-Topologie erstellt, welche 5 Blätter für die 5 Taxa aufweist, und anschließend die Taxa auf die Blätter verteilt werden. Offensichtlich ist diese Anordnung nicht eindeutig.

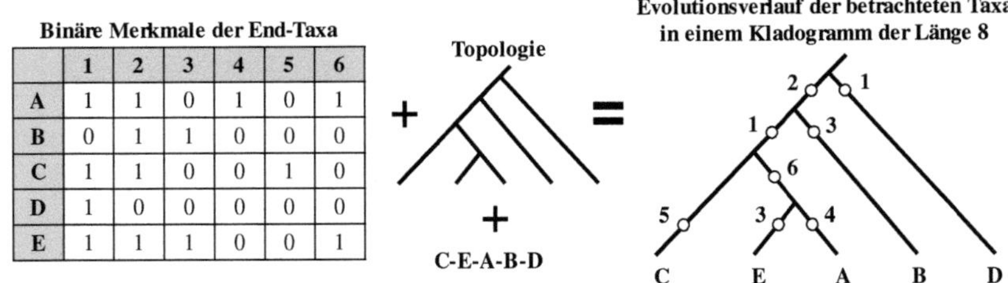

	1	2	3	4	5	6
A	1	1	0	1	0	1
B	0	1	1	0	0	0
C	1	1	0	0	1	0
D	1	0	0	0	0	0
E	1	1	1	0	0	1

Abbildung 5.6: Beispiel eines phylogenetischen Baumes [AlG11]

Phylogenetische Bäume sind Binär-Bäume, d.h. jeder Knoten hat zwei oder null Kind-Knoten. Im letzterem Fall ist er ein Blatt. Es gibt genau c_{N-1} topologisch verschiedene Binär-Bäume mit N Blätter, wobei

$$c_n = \frac{(2n)!}{n!(n+1)!}$$

die sogenannten Catalan-Zahlen bezeichnet [Fra01]. Für jeden dieser c_{N-1} Binär-Baum-Topologien gibt es nun $N!$ Möglichkeiten die End-Taxa an die Blätter anzuordnen. Insgesamt gibt es also

$$c_{N-1} \cdot N! = N \frac{(2(N-1))!}{(N+1)!}$$

verschiedene phylogenetische Bäume, aus denen zu wählen ist. Es gibt verschiedene Hypothesen darüber, welcher Baum die tatsächliche Phylogenese darstellt, die später erläutert werden.

Übertragung auf die Industrie AlGeddawy [AlG11; EA14] schlägt nun vor, dieses Verfahren zur Strukturierung von Industrieprodukten zu verwenden. Mehr noch, die vorgestellte Hypothese postuliert, dass sich industrielle Erzeugnisse und die zu ihrer Erzeugung verwendeten Werkzeuge in ihren evolutionären Entwicklungen gleichermaßen durch Symbiose-Effekte beeinflussen, wie es verschiedene Kladen im Tierreich tun. Dieser im industriellen Kontext Co-Evolution genannte Vorgang verlangt Symmetrien in den Topologien der phylogenetischen Bäume beider Kladen. Ist in der Klade der Produkte ein End-Taxon vorhanden, dem ein Gegenstück in der Klade der Werkzeuge fehlt, so ist dessen Einführung zu erwarten (siehe Abbildung 5.7).

Der gesamte Analyseprozess gliedert sich dann wie folgt:

1. Zwei geeignete Mengen Bäume zur Darstellung der Phylogenese einer Klade „Produkte" und einer Klade „Werkzeuge" werden erzeugt.

2. Unter diesen Bäumen wird ein Paar gewählt, das sich möglichst ähnlich ist, d.h. das möglichst viele Symmetrien aufweist.

3. Beide Bäume werden symmetrisch vervollständigt, das heißt es werden an jenen Stellen zusätzliche Taxa eingefügt, bei welchen der andere Baum ein Taxon aufweist. Ebenso können bereits geplante Produkte als zusätzliches Taxon an entsprechender Stelle eingefügt und spiegelsymmetrisch hierzu benötigte Werkzeuge vermutet werden.

Die verwendete Algorithmik wird im Folgenden genauer betrachtet.

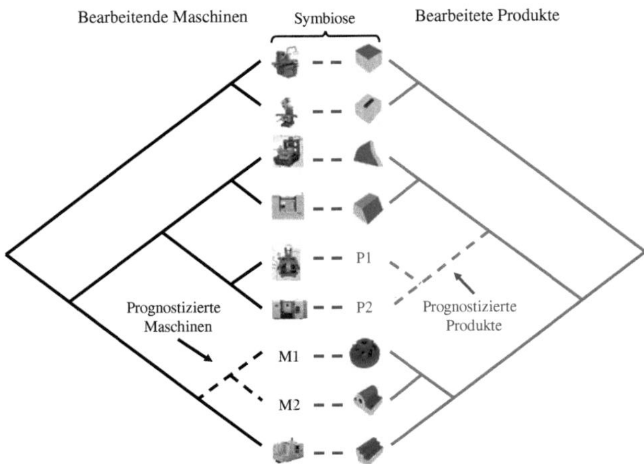

Abbildung 5.7: Symbiotisches Verhalten propagiert zukünftige Entwicklungen bei Werkzeugen und Erzeugnissen durch Herstellung von Symmetrie auf ihren phylogenetischen Bäumen [EA14]

Auswahl geeigneter Bäume Wie zu Beginn erwähnt, ist die Konstruktion eines phylogenetischen Baumes nicht eindeutig. Die verschiedenen Ansätze zur Auswahl des bestgeeigneten Baumes lassen sich in die Kategorie der abstandsbasierten Methoden, die der merkmalsbasierten Methoden und die der Wahrscheinlichkeits-Methoden unterteilen (*Distance Based Methods, Character Based Methods* und *Probabilistic Methods*; [Sin15; KM09]). Diese Wissenschaft der algorithmenbasierten Methoden der Phylogenese wird Phylogenetik genannt.

- **Merkmalsbasierte Methoden** suchen den phylogenetischen Baum nach dem **Maximum Parsimony (MP)-Prinzip**. Hierbei wählt man den Baum kürzester Länge, wobei die Länge eines Baumes die Summe der Längen aller seiner Kanten ist und eine Kantenlänge als die Anzahl an ihr stattfindender Merkmalsänderungen definiert wird. Dieses Prinzip beruht auf der Hypothese von Ockhams Rasiermesser, demnach von allen möglichen Beschreibungen der Naturgesetze das Einfachste der Wirklichkeit entspricht. „Einfach" ist in diesem Kontext damit gleichzusetzen, dass möglichst wenige Evolutionsschritte nötig sind, was der eben definierten Baumlänge entspricht [KM09; ZSM09].

AlGeddawy liefert in seiner Arbeit [AlG11] einen Algorithmus, der den phylogenetischen Baum auf Basis dieses Prinzips erstellt. Dort wird zunächst eine der möglichen Topologien gewählt (Algorithmus 5.1). Dabei ist $K \in \mathbb{N}$ die Anzahl der betrachteten Merkmale $k_1, \ldots, k_K \in \{0,1\}$. Anschließend wird $Y_k = X$ gesetzt für $p = 1, \ldots, K$ wobei X eine Topologie aus Algorithmus 5.1 darstellt mit $n - 1 \in \mathbb{N}$ End-Taxa, deren Reihenfolge festgelegt ist. Die Abbildung $E : \{1, \ldots, n - 1\} \times \{1, \ldots, K\} \longrightarrow \{0,1\}$ bildet die Merkmale der End-Taxa auf ihren Wert ab. Es gilt also $E(p, q) = 1$ genau dann, falls für das End-Taxon an Position p in Topologie X gilt: $k_q = 1$. Algorithmus 5.2 berechnet abschließend auf dieser Grundlage die Länge L eines Baumes mit Topologie X. Werden diese drei Schritte für jede mögliche Permutation durchgeführt, können die berechneten Baum-Längen miteinander verglichen und der kürzeste gewählt werden.

Werden die Algorithmen so durchgeführt, ergibt sich für das Beispiel aus Abbildung 5.6 die entsprechende Topologiematrix $X_{Beispiel}$ und der zugehörige Topologiebaum (also das Kladogramm) wie in Abbildung 5.8 nach [AlG11] dargestellt. Ein großes Problem an die-

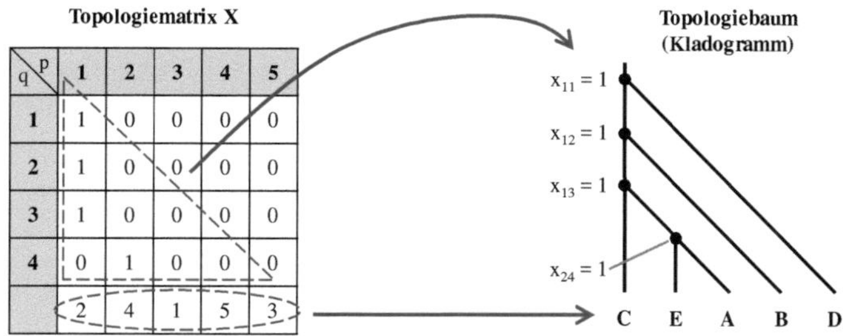

Abbildung 5.8: Beispiel einer Topologiematrix nach [AlG11]

ser Herangehensweise ist jedoch, dass die Suche des MP-Baum ein

Algorithmus 5.1 Phylogenetische Topologie in Anlehnung an [AlG11]

Sei $X = (x_{pq}) \in \{0{,}1\}^{n \times n-1}$
$x_{11} = 1$
for $q = 1, \ldots, n-1$ **do**
    Wähle $P \in \{1, \ldots, q\}$
    $x_{Pq} = 1$
    for $m = 1, \ldots, P-1, P+1, \ldots, n$ **do**
        $x_{mq} = 0$
    end for
    for $p = 1, \ldots, n$ **do**
        if $\sum_{\ell=1}^{q} x_{p+1,\ell} = 1$ **then**
            for $\ell = 1 \ldots, q$ **do**
                $x_{p+1,\ell} = 0$
            end for
        end if
        if $\sum_{\ell=1}^{p-1} x_{\ell\ell} = 1$ **then**
            for $\ell = 1 \ldots, p-1$ **do**
                $x_{\ell\ell} = 0$
            end for
        end if
    end for
end for

Algorithmus 5.2 Länge des phylogenetischen Baumes in Anlehnung an [AlG11]

---

for $k = 1, \ldots, K$ **do**
    for $i = 1, \ldots, n - 1$ **do**
        if $E(p, k) = 0$ **then**
            $Y_{k,p,q} = 0$ für $q = 1, \ldots, n - 1$
            $Y_{k,m,\ell} = 0$ für $m, \ell = 1, \ldots, p$
        end if
        for $q = 1, \ldots, n - 2$ **do**
            if $Y_{k,p,q} = 0$ **then**
                $Y_{k,p,q+1} = 0$
                $Y_{k,p+1,q+1} = 0$
            end if
        end for
    end for
end for
$L = \sum_{k=1}^{K} \sum_{p=1}^{n} \sum_{q=1}^{n-1} Y_{k,p,q}$

NP[1]-schweres Optimierungsproblem darstellt, soweit keine weiteren Informationen oder Hypothesen verwendet werden. Das heißt, um den kleinsten Baum zu finden müssen tatsächlich alle $N \frac{(2(N-1))!}{(N+1)!}$ Bäume aufgestellt und deren Längen berechnet und verglichen werden. Schon bei Dimensionen von $N = 10$ ist eine Anzahl von Bäumen in der Größenordnung 10^9 zu verarbeiten, was für ein derart kleines Beispiel einen unangemessenen Aufwand darstellt.

Aus diesem Grund wird ein naiver MP-Ansatz zur Ermittlung des sparsamsten Baumes, wie er in [AlG11] vorgeschlagen wird, selten verwendet. Zusätzliche Hypothesen sind nötig, um den Aufwand zu reduzieren oder man begnügt sich mit Approximationen, welche schnell ermittelt werden können und dem sparsamsten Baum nahe kommen.

- **Abstandsbasierte Methoden** kommen aus der genetischen Phylogenese. Hierbei werden Taxa durch DNA Sequenzen dargestellt und

---

[1] nichtdeterministische Polynomialzeit

deren paarweise „Ähnlichkeit" bzw. „Unterschiedlichkeit" in einem geeigneten Maßraum gemessen und in einer Matrixstruktur festgehalten. Statt einer Optimumssuche werden nun phylogenetische Bäume konstruiert, indem die in diesem Sinne ähnlichsten Taxa geclustert und zu Unterbäumen zusammengeführt werden. Die ähnlichsten Unterbäume werden zu größeren Unterbäumen verbunden usw., bis der endgültige Baum entsteht. Eine der bekanntesten Methoden dieser Art ist das **Neighbor-Joining (NJ)-Verfahren**. Ausgehend von einer sternförmigen Anordnung aller End-Taxa um den Wurzelknoten werden immer die beiden Taxa mit kleinstem Abstand ausgewählt und zu einem Ast vereinigt. NJ ist nicht optimal und findet den sparsamsten Baum nur unter bestimmten Umständen mit Sicherheit (Matroid). In der Literatur wird aber behauptet, er liefere auch ansonsten Ergebnisse, die sehr nahe am Optimum liegen. Neben dem NJ-Verfahren seien im Bereich der abstandsbasierten Methoden ebenfalls die etwas komplexeren Verfahren der **Linkage Analysis** und der **UPGMA** zu nennen [Sin15; KM09]. Diese Verfahren der Phylogenese unterscheiden sich zum agglomerativen Clustering lediglich in der Wahl des Proximitätsmaßes. Die Fusionierungsalgorithmik ist im Wesentlichen identisch.

- **Wahrscheinlichkeitsmethoden** stellen eine Hypothese darüber auf, welche evolutionären Entwicklungen als wahrscheinlich und welche als unwahrscheinlich angenommen werden. Als Grundprinzip dient hier meist das von der MP Methode bekannte Rasiermesser von Ockham, wonach eine geringere Anzahl Evolutionsschritte bevorzugt wird. Dieses Prinzip lässt sich jedoch verfeinern, indem verschiedene Vorgänge verschieden gewichtet werden. Ist das Wahrscheinlichkeitsmaß definiert, kann nun beispielsweise mit der **Maximum-Likelihood (ML)-Methode** der Baum ermittelt werden, der am wahrscheinlichsten die tatsächliche evolutionäre Entwicklung beschreibt [Sin15; KM09; ZSM09].

Die Ergebnisse einiger der genannten Algorithmen müssen dabei nicht eindeutig sein. Mehrere Bäume können gleichermaßen durch kürzeste Länge oder höchste Wahrscheinlichkeit prädestiniert sein. Ist dies der Fall, kann im Falle der Co-Evolution derjenige Baum gewählt werden, der mit dem entsprechenden Werkzeug- bzw. Produkt-Baum die größte Ähnlichkeit aufweist.

Während merkmalsbasierte Methoden nur binäre Merkmale zur Charakterisierung der Taxa heranziehen können, spricht bei Abstands- und Wahrscheinlichkeitsmethoden nichts dagegen, auch metrische Merkmale zur Generierung der Abstände oder Wahrscheinlichkeiten heranzuziehen.

Es erscheint sinnvoll, die Merkmale, die in Abbildung 5.6 an den einzelnen Äste des Kladogramms aufgetragen sind, ebenfalls in einer Matrix abzulegen [SD18; SAD18]. Dazu wird die Merkmal-Topologiematrix $M = (m_{pq}) \in \{0,1\}^{n \times n}$ eingeführt. Dabei stehen an der Stelle m_{pq} die Merkmale k, die am Ast vor dem Knoten oder Blatt x_{pq} aufgetragen sind. Entsprechende Stellen, die kein Blatt oder Knoten repräsentieren bleiben leer, ebenso wie x_{11} (soweit kein Merkmal k vorhanden ist, dass für alle End-Taxa existiert). Abbildung 5.9 zeigt die Merkmal-Topologiematrix anhand des genannten Beispiels.

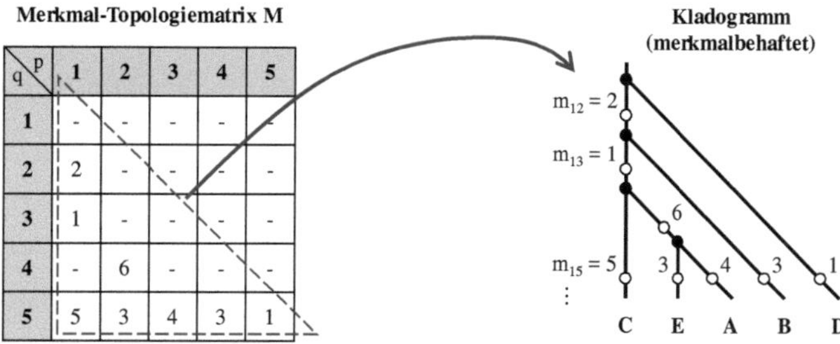

Abbildung 5.9: Beispiel einer Merkmal-Topologiematrix

Gruppierung der Taxa In der Biologie ist eine algorithmische bzw. automatische Zusammenfassung der in Verwandschaftsbeziehungen identifizierten Arten meist von geringem Interesse. Daher ist in der Literatur über die Methoden der Gruppierung fertiger phylogenetischer Bäume wenig zu finden. Es liegt nun allerdings nahe, die beim Clustering eingeführten Methoden auch für die Phylogenese zu verwenden. Bei den abstandsbasierten Methoden ist dies trivial, da sie dem beschriebenen Clustering entsprechen. Für merkmalsbasierte Methoden müsste die Stopping-Rule aus Abschnitt 5.2.2 entsprechend angepasst werden.

Eine Übersicht aller eingeführten Verfahren in diesem Kapitel liefert Tabelle A.3.

5.2.4 Methodenkombination

Jede der drei bisher vorgestellten Methoden hat verschiedene Vor- und Nachteile. Produktklassifizierungsstandards eignen sich neben einer technischen Einteilung auch besonders für kaufmännische Belange und sind am Markt bereits sehr etabliert. Die Einteilung in Gruppen erfolgt jedoch meist mit wenig Systematik. Multivariate Methoden hingegen benötigen große Datenmengen und sind technisch sehr komplex, jedoch mit einer breiten Basis an verfügbaren und bereits implementierten Algorithmen in vielen Domänen und Branchen. Sie können sehr gut mit großen Datenmengen umgehen. Die Methoden der biologischen Systematik und Taxonomie sind außerhalb der Biologie kaum verbreitet. Methodik und Algorithmik selbst haben jedoch einen guten Reifegrad. Auch die Nachvollziehbarkeit der Einteilung sowie die Visualisierung der verwandtschaftlichen Beziehungen sind klare Stärken dieser Methodiken. Ziel ist es nun, die jeweiligen Stärken der Methoden durch deren Kombination optimal auszunutzen.

Zusätzlich dazu lässt sich die Klassifizierung mechatronischer Komponenten ganz allgemein in drei Bereiche einteilen. Zunächst müssen zu Beginn der Nutzung einer Einteilung die entsprechenden Gruppen erstmalig definiert werden. Es müssen also erstmalig Klassen identifiziert werden. Anschließend muss die so identifizierte Struktur in Gruppen und Subgruppen eingeteilt werden. Zuletzt muss ebenso sichergestellt werden, das neu hinzukommende Komponenten der bestehenden Struktur zugeordnet werden können.

Um alle drei Felder optimal zu bedienen liegt es nun nahe, für jedes Feld die optimale Methode auszuwählen. Abbildung 5.10 zeigt dies, wobei das Clustering rechts zur erstmaligen Identifizierung genutzt wird. Die Komponenten werden dann nach Möglichkeit bereits vorhandenen eCl@ss-Klassen zugeordnet, wie in der Mitte dargestellt. Sollte eine Klasse fehlen wird diese entsprechend ergänzt. Auch eventuell fehlende Strukturtiefen oder unterschiedlich auftretende Strukturen können in diesem Fall ergänzt werden.

Neu hinzukommende Komponenten werden dann mit entsprechend angepassten Methoden auf Basis der biologischen Methoden der identifizierten Struktur zugeordnet, wie links in Abbildung 5.10 dargestellt.

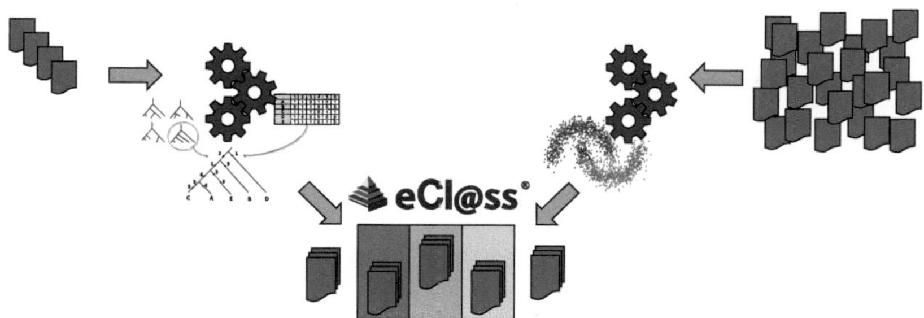

Abbildung 5.10: Kombination multivariater, biologischer und produktspezifischer Ansatz

Durch die Kombination aller drei Ansätze werden die jeweiligen Vorteile optimal ausgenutzt. Zur besseren Vereinbarkeit der erstmaligen Identifizierung mit den Produktspezifizierungs-Standards sollen diese an dieser Stelle nochmals eingehender untersucht werden.

5.2.5 Verifikation anhand von Produktspezifizierungs-Standards

Um zu verifizieren, ob und wie gut sich die beschriebenen Methoden der Klassifizierung auch auf bereits existierende Produktspezifizierungs-Standards anwenden lassen, sollen diese durchgeführt werden. Dazu wird der bereits beschriebene eCl@ss-Standard verwendet. In diesem Standard besitzt jede Untergruppe verschiedene Merkmale zur Beschreibung der Produkte, die dieser Untergruppe zugeordnet sind. Dabei existiert eine Tabelle, die alle Untergruppen von eCl@ss mit den für die jeweilige Untergruppe existierenden Merkmale verknüpft. Bei der hier betrachteten Version 9.0 heißt diese Tabelle *eClass9_0_CC_PR_de.csv*. Auf Grundlage dieser Information kann nun eine Matrix aufgespannt werden, die alle eCl@ss-Untergruppen in der ersten Spalte und alle eCl@ss-Merkmale in der ersten Zeile aufführt. Nun wird die Existenz eines Merkmals zu einer Untergruppe durch eine *Eins* (1) gekennzeichnet, die Nichtexistenz durch eine *Null* (0). Die so entstandene Matrix kann jetzt mit den bereits beschriebenen Methoden klassifiziert werden, wobei die eCl@ss-Untergruppen die Untersuchungsobjekte der Klassifizierung darstellen, während das Vorhandensein oder Nichtvorhandensein von eCl@ss-Merkmalen die Merkmale der Klassifizierung repräsentieren.

Zur konkreten Veranschaulichung der beschriebenen Vorgehensweise wird an dieser Stelle anstatt des gesamten eCl@ss-Standards (der durch ca. 22'000 Untergruppen mit ca. 14'000 möglichen Merkmalen eine Matrix mit ungefähr 316 Millionen Feldern aufspannt) nur ein kleiner Teil daraus exemplarisch herangezogen.

Dazu wird im Sachgebiet 27 *Elektro-, Automatisierungs- und Prozessleittech* die Hauptgruppe 02 *Elektrischer Antrieb* verwendet. Diese besteht aus 18 Gruppen denen insgesamt 99 Untergruppen zugeordnet sind. Aus allen möglichen eCl@ss-Merkmalen existieren dabei 181 Merkmale bei einem oder mehreren der Untergruppen. Es ergibt sich eine Matrix mit 99 Objekten und 181 Merkmalen, also knapp 18'000 Einträgen. Nach der Vorverarbeitung der Daten (erläutert in Abschnitt 5.3.2, Punkte eins bis drei) bleiben noch 41 Objekte und 172 Merkmale, also gut 7'000 Felder übrig. Bereits hier kann festgestellt werden, dass weit über die Hälfte der Untergruppen herausgefallen sind. Dabei wurden die 48 nicht weiter verwendeten Objekte zu je einem Drittel ausgeschlossen, weil sie entweder kein einziges existentes Merkmal hatten, welches nicht alle Objekte haben oder weil alle existenten Merkmale exakt gleich mit zwei weiteren, in der Betrachtung gelassenen Objekten sind. Wird nun zusätzlich Punkt vier angewendet, so kann die Anzahl der Merkmale weiter auf 114 und somit die Anzahl der Felder auf knapp über 4'500 reduziert werden. Nach dieser Vorverarbeitung wird die eigentliche Gruppeneinteilung durchgeführt. Das entsprechende Ergebnis des Clustering unter Verwendung einfacher Euklidischer Distanz und der Ward-Kopplung zeigt Abbildung 5.11. Daneben sind in Abbildung 5.12 und Abbildung 5.13 die Ergebnisse der Klassifizierung mittels MP und Ward nach Optimierung durch NNI dargestellt. Bereits in der Vorverarbeitung, spätestens jedoch an dieser Stelle ist zu erkennen, dass in eCl@ss offensichtlich die Ausstattung der einzelnen Untergruppen mit Merkmalen außerordentlich heterogen ist. Dadurch sind einzelne Untergruppen, selbst oder auch gerade wenn sie der selben Gruppe, Hauptgruppe oder

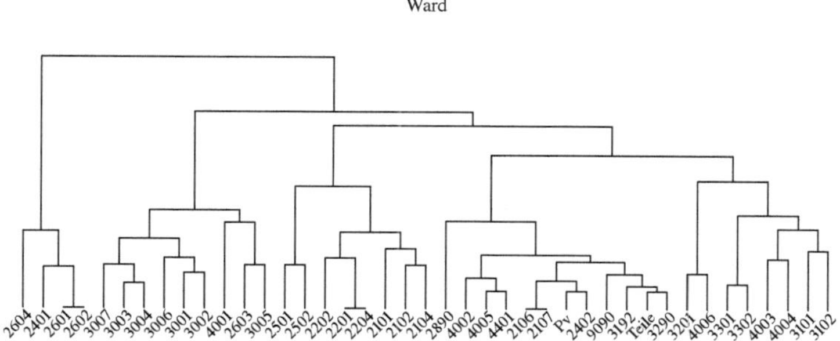

Abbildung 5.11: Dendrogramm des Clustering nach Ward der Hauptgruppe 02 von eCl@ss

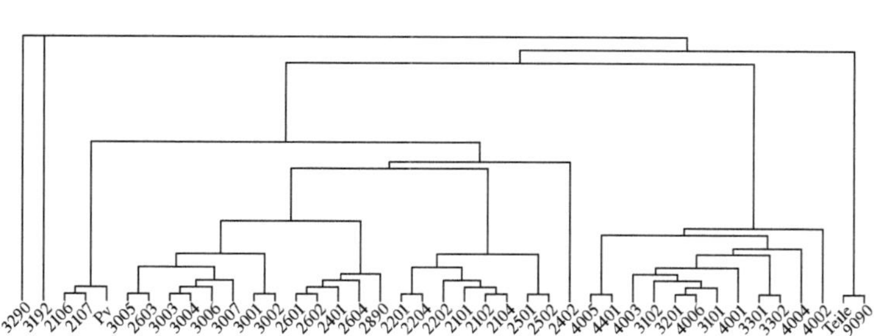

Abbildung 5.12: Dendrogramm der MP-Klassifizierung der Hauptgruppe 02 von eCl@ss

dem selben Sachgebiet angehören kaum zu unterscheiden. Dies wiederum lässt den eindeutigen Schluss zu, dass die Einteilung innerhalb von eCl@ss subjektiv und nicht merkmalbasiert stattfindet. Dies gilt dabei offensichtlich sowohl für die Erstellung von Sachgebieten, Hauptgruppen, Gruppen und Untergruppen als auch für die Zuordnung einzelner Komponenten zu diesen Untergruppen (und damit implizit auch zu allen übergeordneten Strukturen). Im Sinne einer Industrie 4.0 Komponente scheint eCl@ss in der heutigen Form also als Klassifizierung ungeeignet, da Komponenten nicht automatisch unterscheidbar sind bzw. ohne manuellen Eingriff nicht in der Lage sind, sich einer Untergruppe zuzuordnen. Die Notwendigkeit

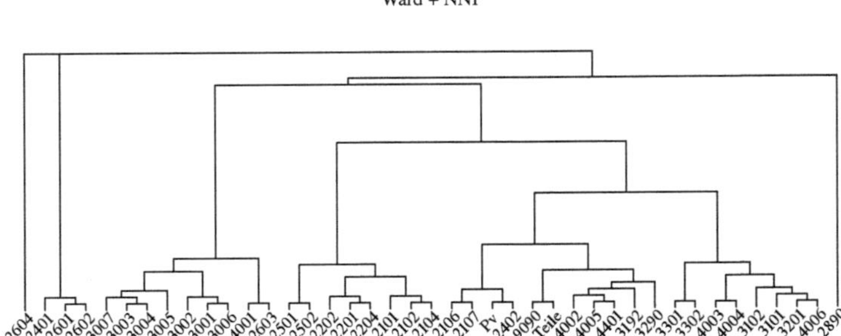

Abbildung 5.13: Dendrogramm des durch Nearest-Neighbor-Interchange (NNI) optimierten Ergebnisses des Clustering der Hauptgruppe 02 von eCl@ss nach Ward

einer Methode zur Klassifizierung mechatronischer Komponenten wird durch diese Feststellung nochmals deutlich. Sie stellt einen wesentlichen Wegbereiter im Zuge der vierten industriellen Revolution dar.

Bewertung und Ableitung von Maßnahmen für eCl@ss

Ein erster Schritt zur Befähigung von eCl@ss für genannte Aufgaben wäre es, allen Untergruppen entsprechend genügend aussagekräftige Merkmale zuzuweisen, die eine automatische Einordnung einer Komponente in eine Untergruppe anhand der Existenz bestimmter Merkmale zulässt. Darüber hinaus könnten die eigentlichen Werte der existenten Merkmale eine Aussage über die Ähnlichkeit der Komponenten innerhalb einer Gruppe oder Untergruppe liefern und dadurch bei Bedarf die Notwendigkeit der Ausgliederung der Komponente in eine neue Gruppe oder Untergruppe aufzeigen.

5.3 Erstmalige Identifizierung der Klassen

Nachdem die Methoden zur Klassifizierung mechatronischer Komponenten vorgestellt wurden, soll an dieser Stelle die erstmalige Identifizierung der Klassen anhand eines realitätsnahen Minimalbeispiels verdeutlicht werden. Anschließend werden geeignete Merkmale und relevante Komponenten identifiziert um abschließend die erstmalige Identifizierung auch für eine reale Stichprobe durchzuführen. Alle genutzten Verfahren sind dabei bereits eingeführt. Eine entsprechende Übersicht zur besseren Orientierung liefert Anhang A.3.

5.3.1 Ein realitätsnahes Minimalbeispiel

Als erläuterndes Minimalbeispiel dient eine Stichprobe allgemeiner mechatronischer Komponenten und eine Reihe binärer Merkmale, die in Tabelle 5.4 gegeben sind. Hierbei gilt folgende Merkmalszuordnung:

End-Taxa	A	B	C	D	E	F	G	H	I	J	K	L	M	N	O	P
Zylinder Ventil	1	0	0	1	0	0	1	0	1	1	0	1	0	0	1	0
Spanner Ventil	1	0	0	1	0	0	0	1	1	1	0	1	0	0	1	0
Antrieb (el.)	0	1	1	0	0	0	0	1	0	0	0	1	0	1	1	0
Frequenz-umrichter	0	1	0	0	1	0	0	0	1	1	0	0	1	0	0	1
Schrauber-steuerung	1	1	0	0	1	0	0	0	1	1	0	0	1	0	0	1
Schutztür	0	1	1	0	0	0	1	0	1	1	0	1	0	0	1	0
Roboter	0	1	0	0	0	1	0	1	1	1	0	1	0	0	1	0
Not-Aus	0	1	1	0	0	0	1	0	1	0	1	0	0	0	0	0
Zylinder	1	0	0	1	0	0	1	0	1	0	0	1	0	0	1	0
Ventil	1	0	0	1	0	0	0	0	0	1	0	0	0	0	0	1

Tabelle 5.4: Mechatronische Komponenten und deren Merkmalen als Minimalbeispiel

A: Energie pneumatisch; B: Energie elektrisch; C: passiv; D: parametrierbar; E: variabel; F: programmierbar; G: Bewegung linear; H: Bewegung rotatorisch; I: Bits zur SPS; J: Bits von SPS; K: Eingänge Kraft; L: Ausgänge Kraft; M: Eingänge Info (außer SPS); N: Ausgänge Info (außer SPS); O: Verbrauch Hilfsenergie; P: Ab-/Weitergabe Hilfsenergie.

Für diese Taxa werden nun mit den genannten Methoden Dendrogramme und phylogenetische Bäume erstellt.

Verwendung binärer Skalen

Da das gegebene Minimalbeispiel lediglich Merkmale mit binärem Skalenniveau besitzt, wird zunächst auf eine Standardisierung verzichtet. Die Ergebnisse der Clusteranalyse unter Verwendung von Ward und euklidischer Distanz ist in Abbildung 5.14 zu sehen. Abbildung 5.15 zeigt den phylogenetischen Baum unter Verwendung der MP-Methode.
Die Blätter der Bäume sind mit den Namen der Taxa versehen. Auf der X-Achse ist der evolutionäre Abstand eines jeden Knoten vom letzten gemeinsamen Vorfahren, also von der Wurzel des Baumes, aufgetragen.

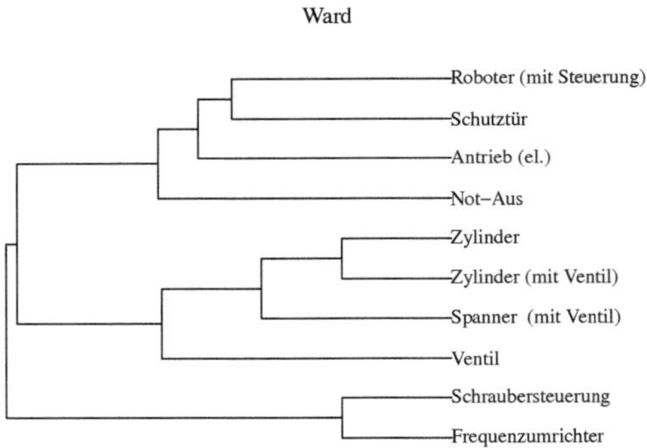

Abbildung 5.14: Dendrogramm erstellt mit der Ward-Clusteranalyse

Standardisierung der binären Skala

Wird auf das Minimalbeispiel aus Tabelle 5.4 die Standardisierung nach Gleichung (5.2) durchgeführt, ergibt sich die in Tabelle 5.5 auszugsweise gezeigte Ausprägung der Merkmale zur Klassifizierung. Die Ergebnisse der

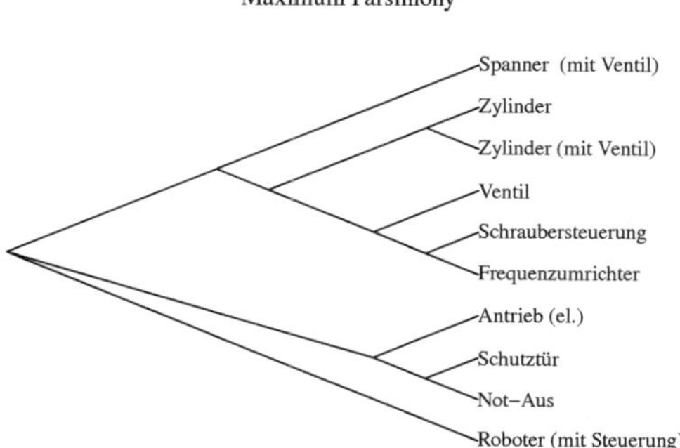

Abbildung 5.15: Phylogenetischer Baum erstellt nach dem MP-Prinzip unter Verwendung von Parsimony Ratchet ([Nix99])

End-Taxa	A	B	C	D	E	F	G	H	I
Zylinder Ventil	1,00	-1,22	-0,65	1,22	-0,50	-0,33	1,22	-0,65	0,50
Spanner Ventil	1,00	-1,22	-0,65	1,22	-0,50	-0,33	-0,82	1,53	0,50
Antrieb (el.)	-1,00	0,82	1,53	-0,82	-0,50	-0,33	-0,82	1,53	-2,00
Frequenzumr.	-1,00	0,82	-0,65	-0,82	2,00	-0,33	-0,82	-0,65	0,50
Schraubst.	1,00	0,82	-0,65	-0,82	2,00	-0,33	-0,82	-0,65	0,50
Schutztür	-1,00	0,82	1,53	-0,82	-0,50	-0,33	1,22	-0,65	0,50
Roboter	-1,00	0,82	-0,65	-0,82	-0,50	3,00	-0,82	1,53	0,50
Not-Aus	-1,00	0,82	1,53	-0,82	-0,50	-0,33	1,22	-0,65	0,50
Zylinder	1,00	-1,22	-0,65	1,22	-0,50	-0,33	1,22	-0,65	0,50
Ventil	1,00	-1,22	-0,65	1,22	-0,50	-0,33	-0,82	-0,65	-2,00

Tabelle 5.5: Auszug standardisierter Merkmale des Minimalbeispiel

Clusteranalyse unter Verwendung von Ward nach Standardisierung sind in Abbildung 5.16 zu sehen.

Identifizierung der Gruppen und Untergruppen

Anschließend wird mit dem Point-Biserial-Verfahren die Gruppen- und mit dem Verfahren nach Duda Untergruppeneinteilung vorgenommen. Das kombinierte Ergebnis der Einteilung ist in Abbildung 5.17 zu sehen. Dabei

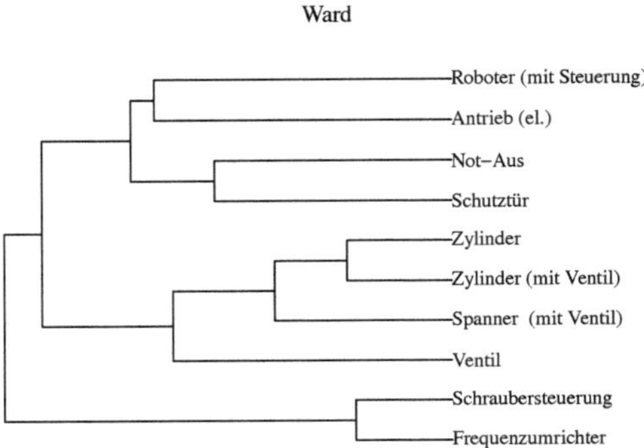

Abbildung 5.16: Dendrogramm der Ward-Clusteranalyse nach Standardisierung

wurden die Gruppen *Steuerungen* und *sonstige Komponenten* ermittelt. Als Untergruppen wurden *Steuerungen, pneumatische Ventile, pneumatische Aktoren, Schutzeinrichtungen, elektrische Antriebe* und *Roboter* identifiziert. An dieser Stelle sei darauf hingewiesen, dass die Gruppeneinteilung umso besser funktioniert, je mehr Objekte betrachtet werden. Trotzdem konnte auch schon bei diesem Minimalbeispiel eine erfolgreiche Einteilung in zwei Gruppen und sechs Untergruppen vorgenommen werden.

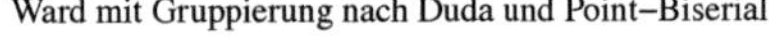

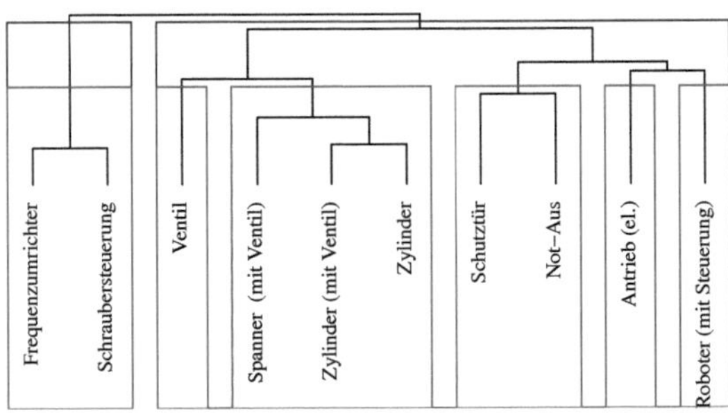

Abbildung 5.17: Dendrogramm der Ward-Clusteranalyse nach Gruppierung nach Duda und Point-Biserial

5.3.2 Geeignete Merkmale

Eine der größten Herausforderungen bei Klassifizierung ist die Charakterisierung durch Merkmale. Es müssen Merkmale gefunden werden, die einerseits einen möglichst hohen Informationsgehalt über die beschriebene mechatronische Komponente besitzen und diese somit bestmöglich charakterisieren. Andererseits sollen die Werte der Merkmale möglichst einfach aus den zur Verfügung stehenden Daten einer mechatronischen Komponente extrahiert werden können. Zur Identifizierung der Menge aller möglichen Merkmale einer Komponente ist es sinnvoll dessen Produktentstehungsprozess näher zu betrachten. Dabei führt Feldhusen u. a. in [FG13] eine sogenannte Hauptmerkmalliste ein, die im erörterten Ansatz primär dazu genutzt wird, Anforderungen an Produkte in deren Entstehungsprozess zu erstellen und zu überprüfen. Die Hauptmerkmalliste führt alle entsprechend relevanten Merkmale eines Produkts gegliedert in Konzept, Produktlebensphasen und Organisation (mit jeweils weiteren Unterkategorien) auf. Merkmale, die eine signifikante Aussagekraft bezüglich der Anforderungen an eine mechatronische Komponente besitzen sind genau die Art Merkmale, die für eine Charakterisierung der Komponenten den höchsten Informationsgehalt inne haben. Daraus werden im Folgenden die für mechatronische Komponenten relevanten Merkmale abgeleitet. Diese sind als beispielhafte Teilmenge in Tabelle 5.6 aufgeführt. Dabei bedeutet

Merkmal	Skalenniveau	Informationsquelle
Hilfsenergie	nominal	Spec, E-CAD
Komplexität	nominal	Spec
Bewegung	nominal	M-CAD, Spec
Eingänge	nominal/metrisch	M-CAD, E-CAD, Spec
Ausgänge	nominal/metrisch	M-CAD, E-CAD, Spec
Anschlussleistung	metrisch	Spec
Größe	metrisch	M-CAD, Spec
Gewicht	metrisch	Spec

Tabelle 5.6: Identifizierte relevante Merkmale mechatronischer Komponenten aus der Hauptmerkmalliste nach Feldhusen u. a. [FG13]

ein nominales Skalenniveau, dass das Merkmal verschiedene Zustände hat, die es annehmen kann, metrisch bedeutet, dass das Merkmal in jedem möglichen Zustand verschiedene Werte annehmen kann. Das Merkmal Hilfsenergie beschreibt die Art der Energiezuführung die eine mechatronische Komponente besitzt und kann die Zustände *elektrisch* und *pneumatisch* annehmen. Das Merkmal Komplexität beschreibt, wie einfach oder komplex die Einstellmöglichkeiten einer Komponente und somit die Komponenten selbst auch sind. Es kann dabei die Zustände

- *passiv*, also keine Einstellmöglichkeiten,

- *parametrierbar*, also nur veränderbare Parameter, die bei Inbetriebnahme oder Stillstand der Anlage verändert werden können,

- *variabel*, also mit Variabeln, die auch zur Laufzeit der Anlage angesprochen werden können und

- *programmierbar*, also frei programmierbar

einnehmen. Die Bewegung einer Komponente beschreibt die Art der Bewegung die diese ausführt, in diesem Fall mit den Zuständen *linear*, *rotatorisch* oder *keine Bewegung*. Die Merkmale Ein- und Ausgänge können jeweils entweder ein nominales oder ein metrisches Skalenniveau aufweisen. Auf nominaler Seite können die Existenz der Ein- und Ausgänge als *kraftübertragend*, *informationsübertragend*, *informationsübertragend zur Steuerung*, *hilfsenergetisch* oder *keine* eintreten. Auf dem metrischen Skalenniveau können die jeweiligen Zustände noch mit der Anzahl der Ausgänge als zusätzliche Information angereichert werden. Die Merkmale Anschlussleistung und Gewicht werden mit Werten in *Watt* bzw. *Gramm* hinterlegt und repräsentieren die aufgenommene Leistung bzw. das Gewicht der Komponente. Das Merkmal Größe hat drei Dimensionen (Breite in Bewegungsbzw. Achsrichtung, Höhe und Tiefe), die jeweils in *Millimetern* mit einem Wert belegt werden und die Abmaße der Komponente widerspiegeln.

Die Anschlussleistung benötigt dabei spezielle Aufmerksamkeit, da die entsprechenden Werte meist nicht direkt aus dem Datenblatt oder den zur Verfügung stehenden Datenmodellen entnommen werden können. Während die Leistung einer mit elektrischer Hilfsenergie versorgten mechatronischen

Komponente recht einfach durch die Multiplikation von Spannung und Strom zu

$$P = U * I$$

berechnet werden kann, wird die etwas komplexere Vorgehensweise für die Berechnung der pneumatischen Anschlussleistung in Anhang A.1 erläutert.

Vorverarbeitung der Merkmale und deren Untersuchungsobjekte Durch die Verwendung von Algorithmik zur Klassifizierung von Objekten auf Grundlage ihrer Merkmale müssen die analysierten Daten vor einer Verwendung sensibel geprüft und ggf. angepasst werden um unverfälschte Ergebnisse zu erhalten. Daher muss immer eine Vorverarbeitung stattfinden, nachdem eine Matrix mit Objekten und deren Merkmalen aufgespannt wurde. Wesentlich sind dabei vor allem häufig vorkommende Werte die identisch sind. Diese würden ein Klassifizierungsergebnis verzerren und müssen daher vor der Klassifizierung beseitigt werden. In Anlehnung an [Bac16], [ZSM09], [Par12] und [Leu74] werden deshalb bei Merkmalen mit binärem Skalenniveau vor der eigentlichen Klassifizierung die folgenden Vorverarbeitungen in aufgeführter Reihenfolge durchgeführt:

1. Alle Merkmale (Spalten), die für alle betrachteten Objekte eine *Eins* enthalten werden aus der Betrachtung ausgeschlossen. Diese liefern für die Klassifizierung keinen Informationsgehalt.

2. Eventuell vorkommende Merkmale (Spalten), die für alle betrachteten Objekte eine *Null* enthalten werden aus der Betrachtung ausgeschlossen. Diese Merkmale sind für die betrachteten Objekte offensichtlich nicht relevant.

3. Betrachtete Objekte (Zeilen), die in all ihren Merkmalen eine *Null* enthalten werden ausgeschlossen. Offensichtlich können diese Objekte mangels passender Merkmale nicht betrachtet werden. Kommt dies vor, so ist dies ein Indiz dafür, dass eventuell nicht genügend Merkmale für die betrachtete Menge an Objekten gewählt wurden.

4. Können darüber hinaus mehrere Merkmale gefunden werden, die lediglich für ein und dasselbe Objekt eine *Eins* enthalten, so scheint

dieses Objekt überbestimmt, was eine implizite Höhergewichtung des überbestimmten Objekts zur Folge hat. Es kann überlegt werden, ob diese Merkmale nicht besser zu einem einzigen zusammengefasst werden sollten.

5.3.3 Relevante Komponenten und deren Merkmale

Um eine vollständige Klassifizierung aller mechatronischen Komponenten vorzunehmen, müssten entsprechend alle existenten Komponenten identifiziert und aufgelistet werden. Zur Vereinfachung wird an dieser Stelle vorausgesetzt, dass bereits eine gut gewählte Stichprobe relevanter Komponenten ausreicht, um eine erstmalige Identifizierung in sinnvolle Klassen vorzunehmen. Sollten zu einem späteren Zeitpunkt Komponenten hinzukommen, die eine zu starke Abweichung zu den in diesem Schritt identifizierten Klassen aufweisen, so kann eine entsprechende Klasse ergänzt werden (siehe Abschnitt 5.4). Weitere Auswirkungen neu hinzukommender Komponenten werden in Abschnitt 5.4 erläutert. In Anhang A.2 zeigt Tabelle A.1 die hier verwendete Stichprobe der Komponenten inklusive ihrer Merkmale.

5.3.4 Die Identifizierung der Klassen

Zur erstmaligen Identifizierung der Klassen mechatronischer Komponenten werden die erarbeiteten Methoden auf die Stichprobe relevanter Komponenten angewendet. Das Ergebnis der Klassifizierung nach Standardisierung mit Gleichung (5.4), unter Verwendung der euklidischen Distanz nach Gleichung (5.1) und dem Ward-Verfahren ist in Abbildung 5.18 dargestellt. Anschließend wird die Einteilung des Ergebnisses in Gruppen und Untergruppen nach den vorgestellten Methoden vorgenommen. Das Ergebnis der Einteilung in Gruppen ist in Abbildung 5.19 zu sehen, die Einteilung in Untergruppen in Abbildung 5.20. Die Gruppen und Untergruppen konnten mit Hilfe der vorgestellten Methoden identifiziert und durch Common Knowledge benannt werden zu:

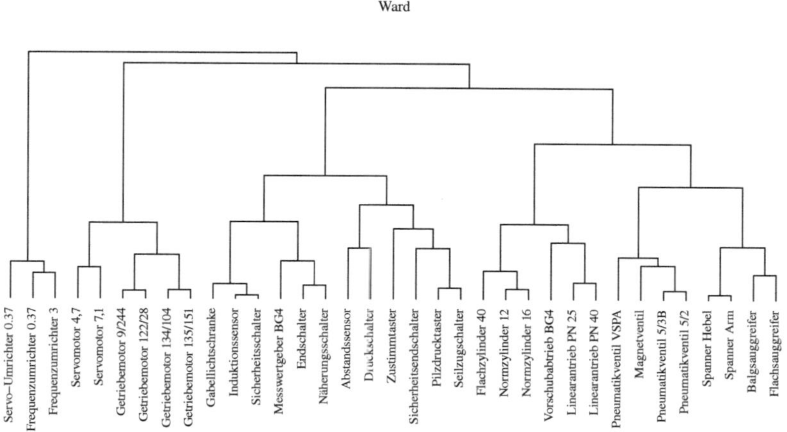

Abbildung 5.18: Klassifizikationsergebnis relevanter Komponenten

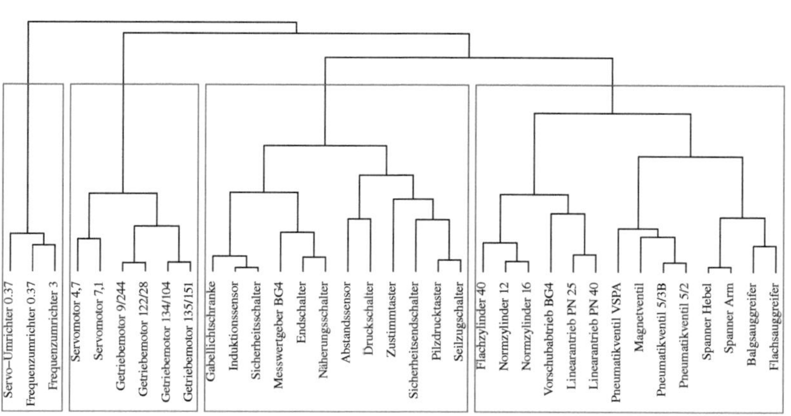

Abbildung 5.19: Klassifizikationsergebnis relevanter Komponenten mit Point-Biserial-Gruppeneinteilung

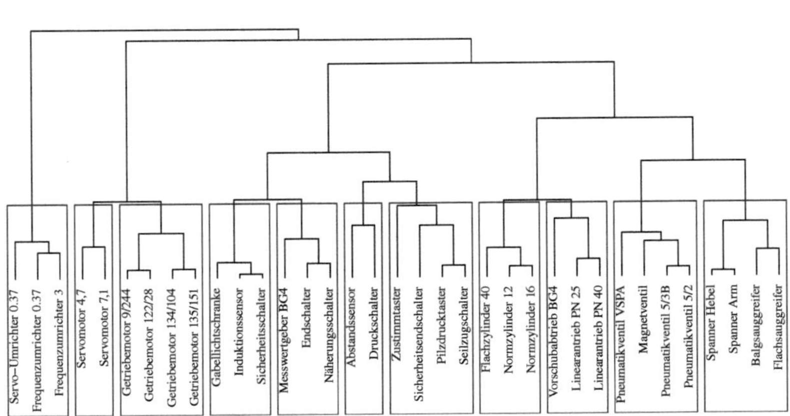

Abbildung 5.20: Klassifizikationsergebnis relevanter Komponenten mit Duda-Gruppeneinteilung

1. Umrichter

2. elektrische Antriebe

   a) Servomotoren

   b) Asynchron-Getriebemotoren

3. Sensorik elektrisch

   a) ohne Anzeige

   b) mit Anzeige

   c) parametrierbare Sensoren

   d) HMI Sensorik

4. Pneumatik

a) Zylinder

b) Linearantriebe

c) Ventile

d) Sonstige Pneumatik

Im Anschluss an die Einteilung kann noch eine Homogenisierung mit eCl@ss erfolgen.

5.4 Einordnung neuer Komponenten zu den Klassen

Wurden die Klassen mechatronischer Komponenten anhand einer möglichst vollständigen Stichprobe relevanter Komponenten erstmalig identifiziert, so dienen diese Klassen als Einteilung aller verwendeter Komponenten. Solange ausschließlich Komponenten betrachtet werden, die bei der erstmaligen Identifizierung verwendet wurden genügt dieser Ansatz. Sobald jedoch Komponenten verwendet werden sollen, die bei der soeben durchgeführten Identifizierung nicht zugrunde lagen, müssen diese neuen Komponenten den identifizierten Klassen zugeordnet werden. Der entwickelte Ansatz für eine solche Zuordnung wird im Folgenden beschrieben.

5.4.1 Die Zuordnungsmethodik bei binärer Merkmalsausprägung

Dabei wird die Annahme der Existenz von Abstammungsverhältnissen aus der Phylogenese verwendet, die besagt, dass sich ein Nachkomme von einem Vorfahren durch die Änderung von Merkmalsausprägungen unterscheidet. Die jeweilige Merkmalsänderung kann (bei binären Merkmalen) am Kladogramm aufgetragen werden, indem ein einfacher Vergleich der

Merkmalsausprägung eines Vorfahren mit seinen Nachfahren durchgeführt wird. Die sich zu dem jeweiligen Nachkommen ergebende Änderung der Merkmalsausprägung wird auf den jeweiligen Ast des Nachkommens aufgetragen. Abbildung 5.6 zeigt diese Besonderheit des Kladogramms. Die Merkmale an den Ästen des Kladogramms sind dabei in der Merkmal-Topologiematrix M aufgetragen, wie in Abbildung 5.9 und Abbildung 5.21 dargestellt. Nun soll eine neue Komponente, also ein neues Objekt O_{neu}

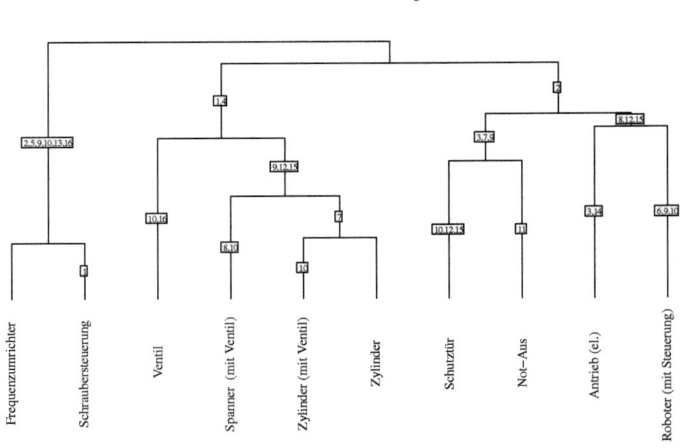

Abbildung 5.21: Astbeschriftung am Minimalbeispiel

mit der Merkmalmenge $k_{O_{neu}}$ der bestehenden Klassifizierung zugeordnet werden. Dafür wird anhand der Merkmal-Topologiematrix M sowie der Topologiematrix X des betrachteten Baumes mittels Algorithmus 5.3 die Erreichbarkeitsmatrix E für das betrachtete Objekt erstellt (die graphische Darstellung des Algorithmus ist in Abbildung 5.22 zu sehen). Diese Matrix enthält in jedem Element genau die Menge an Eigenschaften des Objekts O_{neu}, die am jeweiligen Knoten oder Blatt noch nicht zum Erreichen dieses Knoten oder Blattes notwendig war. Ist ein Weiterkommen am Topologiebaum nicht möglich, so wird das entsprechende Element der Matrix mit 0 besetzt. Jeder Knoten, der durch das neu einzuordnende Objekt O_{neu} erreichbar ist, ist also in der Erreichbarkeitsmatrix E mit einer (vollen oder leeren) Menge von Merkmalen belegt. Nicht zu erreichende Knoten oder Blätter hingegen sind durch eine 0 gekennzeichnet, während alle anderen

Elemente der Matrix leer bleiben. Ein Beispiel einer solchen Matrix mit zugehörigem Kladogramm, die unter Verwendung eines Objekts mit den Merkmalen $k_{O_{neu}} = \{1,2,4,6\}$ erstellt wurde, zeigt Abbildung 5.23

Wenn die Erreichbarkeitsmatrix nun für ein Objekt erstellt wurde, so wird die Zuordnung des neuen Objekts zu einem Blatt oder Knoten durch Algorithmus 5.4 vorgenommen (graphisch dargestellt in Abbildung 5.24). Er dient also der Zuordnung beliebiger neuer Komponenten zu den bereits eingeteilten Klassen. Dabei kann diese Zuordnung vier mögliche Resultate liefern, und zwar

a) O_{neu} kann identisch mit einer bereits eingeteilten Komponente O_{alt} sein und dieser an ihrem Blatt direkt zugeordnet werden. In diesem Fall gilt $k_{O_{neu}} = k_{O_{alt}}$.

b) O_{neu} kann Vorfahre mehrerer Komponenten sein. Dann gilt bereits an einem Knoten und nicht erst einem Blatt $k_{O_{neu}} = \{\}$.

c) O_{neu} kann bis zu einem Blatt eingeteilt werden, jedoch noch weitere Merkmale besitzen. Damit ist O_{neu} ein Vorfahre von O_{alt} und es gilt $k_{O_{alt}} \subset k_{O_{neu}}$.

d) O_{neu} kann zudem als Schwester eines Knotens (oder Blattes) identifiziert werden, wenn es an einem Knoten nicht weiter zugeordnet werden kann, an diesem Knoten jedoch weitere Merkmale besitzt $(k_{O_{neu}} \neq \{\})$.

Unter der Annahme, dass zur erstmaligen Identifikation der Klassen alle zu diesem Zeitpunkt verfügbaren Komponenten in Betracht gezogen wurden, ist allgemein anzunehmen, dass eine neu hinzukommende Komponente ein Nachfahre einer bereits existierenden Komponente darstellt. Ist dies der Fall, so kann stets in der untersten und zweituntersten Ebene ein zusätzlicher Knoten mit einem Blatt eingeführt werden, der eine bestehende Klasse in zwei Weitere aufteilt. Die grundsätzliche Aufteilung der Klassen in Gruppen geht dabei nicht verloren. Die Gruppeneinteilung kann also jeweils beibehalten werden, wenn eine Zuordnung in ein bestehendes Blatt oder eine Abzweigung unterhalb der Gruppeneinteilung erfolgt.

Algorithmus 5.3 Rekursive Erstellung der Erreichbarkeitsmatrix bei binären Merkmalen

$E(1,1) = k_{O_{neu}}$
$Merkmalvergleich(1,1, E, E(1,1))$

function $Merkmalvergleich(q, p, E, E_{alt})$
    if $q \neq Q$ **then**
        $q++$
        if $x(q,p) \neq 0$ **then**
            if $m(q,p) \subseteq E_{alt}$ **then**
                $E(q,p) = m(q,p) \cap E_{alt}$
                $E_{alt} = E(q,p)$
                $Merkmalvergleich(q, p, E, E_{alt})$
            else
                $E(q,p) = 0$
            end if
            $p++$
            while $x(q,p) = 0$ **do**
                $q++$
                $p++$
                if $m(q,p) \subseteq E_{alt}$ **then**
                    $E(q,p) = m(q,p) \cap E_{alt}$
                    $E_{alt} = E(q,p)$
                    $Merkmalvergleich(q, p, E, E_{alt})$
                else
                  $E(q,p) = 0$
                end if
            end while
        else
            $Merkmalvergleich(q, p, E, E_{alt})$
        end if
    end if
end function

Algorithmus 5.4 Zuordnung neuer Komponenten zur existierenden Klassifikation auf Basis der Erreichbarkeitsmatrix E

$q_{min} = 1$
$p_{min} = 1$
$E_{min} = V(q_{min}, p_{min})$
for $q = Q, \ldots, 1$ **do**
    for $p = 1, \ldots, q$ **do**
        if $E(q,p) = \{\}$ **then**
            if $q = Q$ **then**
                O_{neu} ist identisch mit dem Objekt an Blatt $x(q,p)$. $\triangleright\, a)$
            else
                O_{neu} ist als Vorfahre an Knoten $x(q,p)$ einzuordnen. $\triangleright\, b)$
            end if
        else
            if $|E_{min}| > |E(q,p)|$ **then**
                $E_{min} = E(q,p)$
                $q_{min} = q$
                $p_{min} = p$
            end if
        end if
    end for
end for
if $q_{min} = Q$ **then**
    O_{neu} ist mit zusätzlichen Merkmalen an Blatt $x(q_{min}, p_{min})$ einzuordnen. $\triangleright$
    $c)$
else
    O_{neu} ist als Schwester an Knoten $x(q_{min}, p_{min})$ abzuzweigen. $\triangleright\, d)$
end if

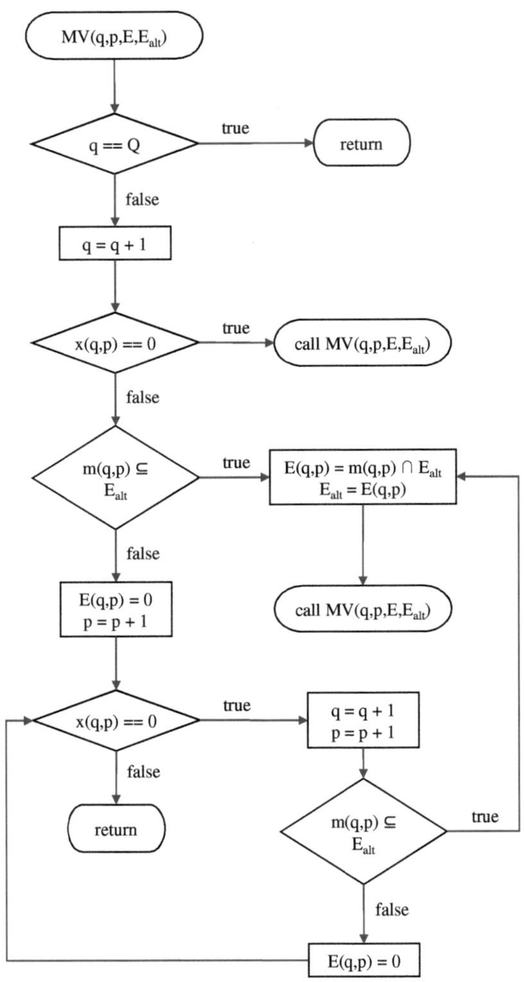

Abbildung 5.22: Graphische Darstellung der rekursiven Erstellung der Erreichbarkeitsmatrix bei binären Merkmalen

Erreichbarkeitsmatrix E für Objekt mit k={1,2,4,6}

q \\ p	1	2	3	4	5
1	{1,2,4,6}	-	-	-	-
2	{1,4,6}	-	-	-	-
3	{4,6}	-	-	-	-
4	-	{4}	-	-	-
5	0	0	{}	0	{2,4,6}

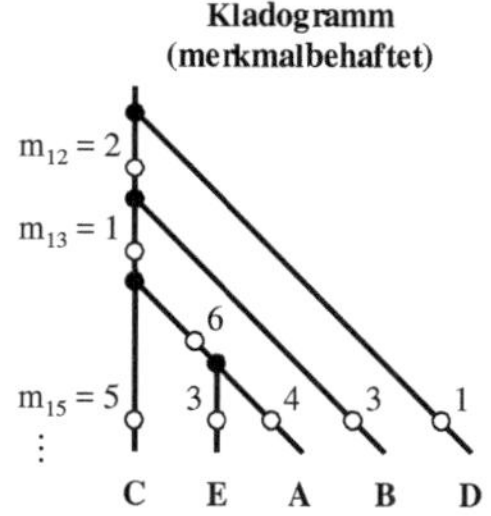

Abbildung 5.23: Beispiel einer Erreichbarkeitsmatrix unter Verwendung eines Objekts mit der Merkmalausprägung $k = \{1,2,4,6\}$

Durch nicht lineare Evolutionsgeschwindigkeit kann es jedoch auch vorkommen, dass eine neue Komponente weiter oben im Kladogramm einen neuen Knoten erforderlich macht. Wird ein solcher Knoten oberhalb der Gruppeneinteilung notwendig, so deutet dies auf die Existenz einer neuen, bisher unbekannten Gruppe mechatronischer Komponenten hin. Es ist abzuwägen ob zur korrekten Anordnung aller Komponenten der erste Schritt der erstmaligen Klassifizierung erneut durchzuführen ist oder ob die manuelle Ergänzung um eine Gruppe genügt.

Sind auf der untersten erreichbaren Ebene des Topologiebaumes mehrere Knoten oder Blätter mit der selben Anzahl an Restmerkmalen vorhanden, liefert Algorithmus 5.4 keine eindeutige Zuordnung. Es sind also am Ende eines Topologiebaumes mehrere Komponenten, die sich signifikant voneinander unterscheiden noch nicht vollständig zugeordnet. Dieser Fall deutet darauf hin, dass die erstmalige Klassifikation ungenügend ist. So könnte es beispielsweise vorgekommen sein, dass anstelle aller verfügbaren Komponenten lediglich eine Stichprobe zur erstmaligen Klassifizierung herangezogen wurde, weshalb eine erneute Durchführung ratsam ist. Die neue Identifizierung kann also insbesondere dann sinnvoll sein, wenn die neu betrachtete Komponente von der Art her nicht neu ist sondern im ersten Schritt bereits existent war, jedoch nicht zur Identifizierung herangezogen wurde.

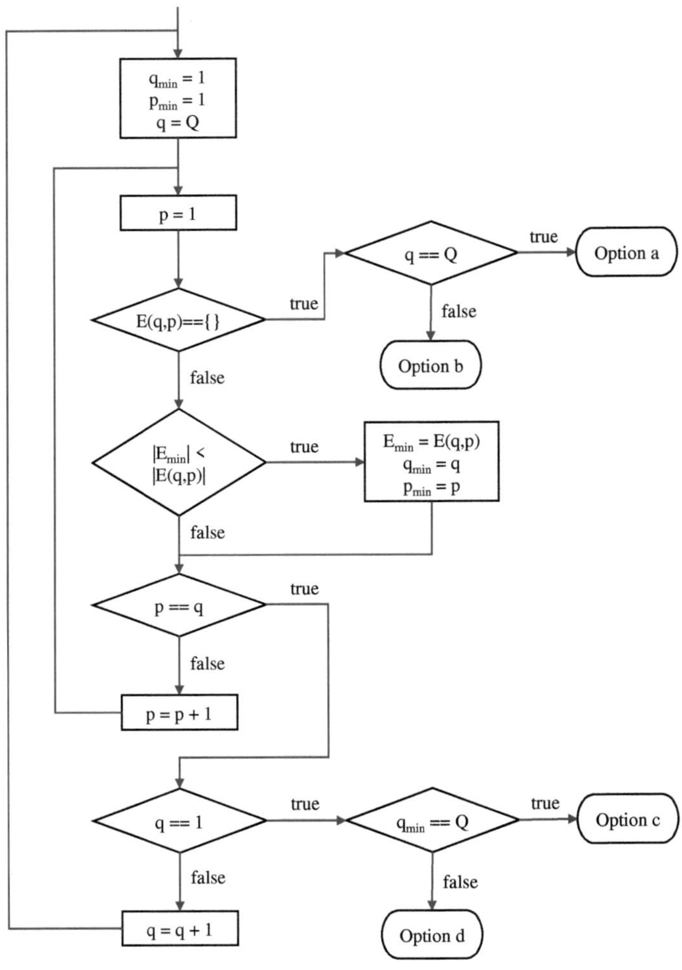

Abbildung 5.24: Graphische Darstellung der Zuordnung neuer Komponenten zur existierenden Klassifikation

Sind neben binären auch metrische Merkmale vorhanden, so gestaltet sich die Aufstellung der Astbeschriftungen aufwändiger.

5.4.2 Die Zuordnungsmethodik bei metrischer Merkmalsausprägung

Wird die Annahme der Phylogenese, nämlich dass sich Verwandschaftsbeziehungen auf Grund von Veränderungen der Merkmale ergeben, auch für metrische Merkmale beibehalten, so kann auch hier die Veränderung auf dem Topologiebaum aufgetragen werden. Dabei wird in einem ersten Schritt an Stelle einfacher Existenzen und Non-Existenzen die Merkmalnummer mit ihrem Wert aufgetragen. Dies gilt sowohl für den Topologiebaum als auch die Merkmal-Topologiematrix. In einem nächsten Schritt müsste wiederum die Einteilung einer Komponente vorgenommen werden. Das größte Problem bei der Ausführung dieses Ansatzes sind die unendlich vielen Zustände die ein metrisches Merkmal annehmen kann, während binäre Merkmale nur genau zwei Zustände annehmen können. Dadurch wird eine Einteilung neu hinzukommender Objekte zu einer bestehenden Klassifizierung anhand dieser Merkmale deutlich komplexer. Dabei kommen prinzipiell zwei mögliche Wege in Betracht, eine Einteilung anhand metrischer Merkmalsänderungen vorzunehmen. Einerseits kann im Topologiebaum ein Ast entstehen, dessen nachfolgende Äste jeweils einen bestimmten Wertebereich für ein metrisches Merkmal besitzen. Die zwei typischen Beispiele hierfür sind Werte um einen Wert herum oder Werte kleiner oder größer als ein bestimmter Wert. Andererseits kann die Änderung der Werte so willkürlich erscheinen, dass eine Einteilung anhand des entsprechenden Merkmals nicht sinnvoll ist und dieses daher gar nicht erst zur Einteilung neu hinzukommender Objekte verwendet wird. Voraussetzung hierfür ist, dass andere Merkmale eine schlüssige Einteilung ergeben. Anders gesagt hängt die Einteilung der unterlagerten Topologie an einem Knoten vom metrischen Merkmal ab oder eben nicht.

Zur Identifizierung, welches Merkmal an welchem Knoten welchen Einfluss auf die Einteilung der Topologie hatte, muss der eingeführte Algorithmus zur Einteilung genauer betrachtet werden. Im vorliegenden Fall wird diese Einteilung durch das Ward-Verfahren vorgenommen. Zur Identifizierung des Einflusses der verschiedenen Merkmale auf die Klassifizierung können die

Einflüsse der Merkmale zur Fusionierung in jedem Schritt betrachtet werden. So könnten die Einflüsse einzelner Merkmale identifiziert werden, was die Einteilung neu hinzukommender Komponenten wesentlich verbessert.

Ein anderer Ansatz stellt die aposteriorische Einteilung auftretender Merkmale in der Klassifizierung dar. Dieser Ansatz identifiziert in der fertigen Topologie auftretende Wertebereiche metrischer Merkmale und nimmt eine Einteilung anhand dieser Wertebereiche vor. Die einfachste Zuordnung stellen dabei monotone Merkmale in untergeordneten Ästen dar. Steigt oder fällt ein Merkmal ab einem bestimmten Knoten nur noch, so kann dies als zuordnungsrelevant betrachtet werden. Für sich ähnelnde Werte gilt dabei eine andere Vorgehensweise. Hier muss ein Intervall um die zwei Werte eines Merkmals betrachtet werden, die verglichen werden soll. Es hat sich dabei gezeigt, dass dieser Intervall sinnvoll berechnet werden kann zu

$$I_{k_i} = k_i \pm \frac{S_k}{O} \tag{5.5}$$

mit

$I_{k_i} =$ Intervall um das Merkmal k bei Objekt i,

$k_i =$ Ausprägung des Merkmals k bei Objekt i,

$S_k =$ (empirische) Standardabweichung des Merkmals k über alle O Objekte.

Auf dieser Grundlage kann nun auch für Bäume mit metrischen Merkmalen eine entsprechende Merkmal-Topologiematrix aufgebaut werden, die Äste mit monotonen oder intervalleinhaltenden metrischen Merkmalen enthält. Dabei wird Gleichung (5.5) auf alle Merkmale angewendet, um zu einem Intervall gehörende Merkmale zu identifizieren. Grenzen von monotonen Merkmalästen werden ebenfalls durch die Verwendung von Gleichung (5.5) erweitert, nämlich durch die Anwendung der Gleichung auf die Extrema. Als Beispiel wird Merkmal Nummer 1 aus Abbildung 5.6 durch ein metrisches Merkmal mit der Ausprägung $A = 16{,}3$; $B = 13$; $C = 12{,}8$; $D = 4{,}5$; $E = 14$ ersetzt. Die Standardabweichung der Reihe ist $S_k = 4$ und das Intervall $I_{k_i} = k_i \pm 0{,}8$. Dieses Beispiel der Merkmal-Topologiematrix mit unterschiedlichen Skalenniveaus zeigt Abbildung 5.25.

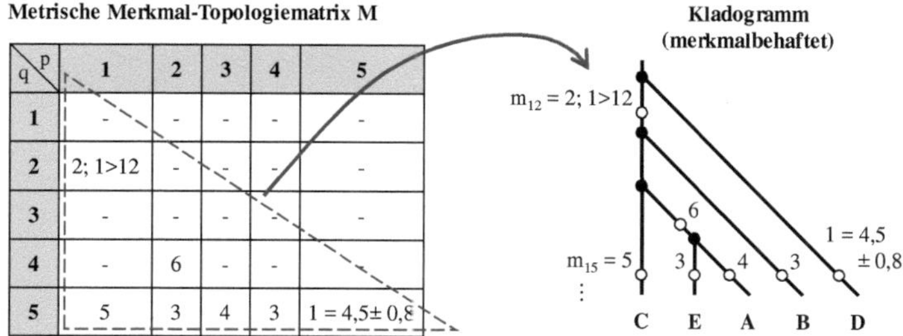

Abbildung 5.25: Beispiel einer Merkmal-Topologiematrix unterschiedlicher Skalenniveaus

Analog zu Algorithmus 5.3 kann auch mit metrischen Merkmalen eine Erreichbarkeitsmatrix erstellt werden, bei der die Äste mit metrischen Merkmalen genau dann erreichbar sind, wenn die entsprechenden Kriterien (größer, kleiner, im Intervall) auf das neu zuzuordnende Objekt zutreffen. Zu beachten ist hier, dass auch in tieferen Astebenen erneute Kriterien bereits abgehandelter metrischer Merkmale auftreten können. Die Erreichbarkeitsmatrix selbst bleibt in ihrer Form jedoch identisch mit der aus Abbildung 5.23, da die Kriterien bei deren Erstellung geprüft wurden. Damit bleibt auch Algorithmus 5.4 für metrische Merkmale gültig. Somit können auch metrische Merkmale durch einfache Vergleiche mit in die beschriebene Einordnung neu hinzukommender Komponenten einbezogen werden.

Durch die erwähnte Methode und die entsprechenden Algorithmen ist es nun möglich, eine Komponente anhand ihrer funktionalen Merkmalsausprägung einer ebenfalls auf Grund dieser Ausprägung erstellten Klassifikation und Gruppeneinteilung zuzuordnen. Im Sinne einer intelligenten Komponente wird diese also durch die vorgestellte Methodik erstmals in die Lage versetzt, sich selbst merkmalsbasiert einer bestimmten Funktionsgruppe zuzuordnen.

6 Durchgängige Nutzung gesamtheitlicher Komponentenmodelle

Nach der erfolgreichen Entwicklung einer Klassifizierung werden an dieser Stelle Vorschläge zur durchgängigen Nutzung gesamtheitlicher Komponentenmodelle im Lebenszyklus der Anlage gemacht. Dabei wird zunächst eine Struktur der Komponentenmodelle erörtert, anschließend beispielhaft eine Komponentenbibliothek aufgezeigt und abschließend Methoden zur Erzeugung gesamtheitlicher Datenmodelle entwickelt.

6.1 Struktur der Komponentenmodelle

Nachdem die mechatronischen Komponenten in einzelne Klassen eingeteilt wurden, können für die jeweils korrespondierenden Verhaltensmodelle einheitliche Strukturen erarbeitet werden. Die Möglichkeit einheitlicher Strukturen sind einer der bedeutendsten Vorteile einer einheitlichen Klassifizierung. Sie ermöglichen es, viele weitere Schritte im Anlagenabsicherungsprozess zu automatisieren. Dazu sind sowohl Semantik als auch Syntax eines Komponentenmodells zu standardisieren. So können definierte Anforderungen an die Modellstruktur und die Schnittstellenausprägung gegenüber verschiedener Komponentenhersteller für eine Klasse von Komponente formuliert werden.

6.1.1 Standardisierte Modellstruktur: Einheitliche Syntax

Die standardisierte Modellstruktur der einzelnen Komponenten, also die einheitliche Syntax, wird durch die Verwendung des FMI-Standards festgelegt. Wie bereits erwähnt sollen zur Realisierung eines einfachen Austausches,

Modelle mechatronischer Komponenten innerhalb des Standards FMUs im Co-Simulations-Format verwendet werden. Dabei wird das Modell zusammen mit dem Solver als Binary zur Verfügung gestellt. Zusätzlich werden eventuell benötigte Library-Dateien angehängt, auf die das Binary zugreifen kann. Das Binary selbst enthält jetzt also Schnittstellen, auf die durch die Simulationsumgebung, die die FMU bei Verwendung initialisiert, zugegriffen werden kann. Damit diese Umgebung, auch Co-Simulations-Master genannt, weiß, welche Variablen an den Schnittstellen zur FMU zur Verfügung stehen, wird zusätzlich noch eine XML-Datei angefügt, welche Metainformationen zur FMU enthält. Darunter befindet sich auch die vollständige Beschreibung der Schnittstellen, auf die die Simulationsumgebung zugreifen kann. Diese Datei wird als Modellbeschreibung bezeichnet und hat immer den Namen *modelDescription.xml*. Abschließend werden die Dateien in ein Archiv verpackt und mit der Endung *.fmu* versehen. Das Archiv enthält dann alle Informationen, um von einer Simulationsumgebung instanziiert werden zu können und wird als FMU bezeichnet.

All diese Vorgaben ergeben sich aus der FMI-Spezifikation [FMI14]. Dort sind ebenso der grundsätzliche Aufbau und Datenfluss einer solchen FMU und das XML-Beschreibungsschema für die Modellbeschreibung sowie weitere Vorgaben, die zur Nutzung des FMI-Standards relevant sind vorgegeben.

Was jedoch nicht vorgegeben wird, ist die Semantik, nach derer die Schnittstellen ausgeprägt sind.

6.1.2 Standardisierte Schnittstellen: Einheitliche Semantik

Als nächster Schritt nach einer einheitlichen Modellstruktur können standardisierte Schnittstellen definiert werden. Diese definieren die einheitliche Semantik der Komponentenmodelle.

Dabei wird die Schnittstelle einer mechatronischen Komponente in die vier Schnittstellenbereiche Verhaltenssimulation, Steuerungstechnik, 3D-Visualisierung und Physik-Engine aufgeteilt. Abbildung 6.1 zeigt diese

Aufteilung, die im Folgenden genauer beschrieben wird. Die Interaktion

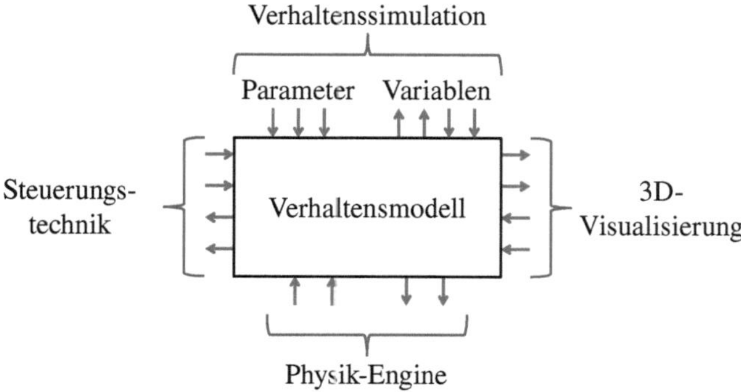

Abbildung 6.1: Bereiche standardisierter Schnittstellen von Verhaltensmodellen

mit der Simulationsumgebung selbst ist dabei bereits durch die Verwendung eines standardisierten Austauschformats (FMI-Standard) geregelt und wird hier nicht weiter betrachtet.

Schnittstelle der Komponentenmodelle zur Simulation
Eine mechatronische Komponente kann entweder soweit in sich abgeschlossen sein, dass sie keine Interaktion mit anderen Komponenten ausführt, wie beispielsweise eine Lichtschranke, oder eben genau diese Interaktion benötigen, wie beispielsweise ein Pneumatikzylinder, dessen Steuerung durch ein entsprechendes Ventil erfolgt. In beiden Fällen ist eine Interaktion der Verhaltensmodelle dieser Komponenten mit der restlichen Verhaltenssimulation möglich. Einerseits kann jedes Komponentenmodell Parameter benötigen. Diese werden vor der eigentlichen Simulation entsprechend gesetzt und das Modell dadurch parametrisiert. Modelle, die mit anderen Verhaltensmodellen interagieren benötigen zusätzlich Variablen, die für jede Klasse von Komponente definiert werden müssen.

Schnittstelle der Komponentenmodelle zur Steuerungstechnik
Hat eine mechatronische Komponente eine Verbindung zur Steuerungs-

technik, so benötigt auch ihr Verhaltensmodell eine solche Schnittstelle. Dabei werden die Modelle aus der Steuerung angesprochen um spezielle Aktionen auszuführen und / oder liefern entsprechende Rückmeldungen über ihren Zustand zurück an die Steuerung. Besonders in der VIBN ist diese Schnittstelle von essenzieller Bedeutung, da ja gerade das Verhalten der Steuerung hinsichtlich ihrer Ein- und Ausgänge, also genau diese Schnittstelle, überprüft werden soll.

Schnittstelle der Komponentenmodelle zur 3D-Visualisierung
Neben der internen Kommunikation und der mit der Steuerungswelt, besitzt ein Modell einer Komponente auch eine Schnittstelle in die 3D-Welt. Hier werden Zustände der Verhaltensmodelle hinsichtlich ihrer mechanischen Repräsentation ausgetauscht. Bei einer simplen 3D-Visualisierung wirkt diese Schnittstelle primär unidirektional vom Verhaltensmodell zur Visualisierung. Die einzige Ausnahme sind dabei Materialflussinformationen, die entsprechend in Richtung Verhaltensmodell durchgegeben werden.

Schnittstelle der Komponentenmodelle zur physikalischen Welt
Ist in der 3D-Repräsentation der Anlage nicht nur eine Visualisierung sondern auch eine Simulation vorgesehen, so wird dem verwendeten CAD-System eine Physik-Engine angekoppelt, die physikalische Effekte wie Schwerkraft etc. simuliert. In diesem Fall benötigen auch die Verhaltensmodelle eine Schnittstelle zu dieser Physik-Engine. Hier werden beispielsweise Kräfte und Momente ausgetauscht, um im Verhaltensmodell und der 3D-Welt entsprechende Korrelationen mit anderen Größen berechnen zu können.

Die entwickelte Klassifizierung (sowohl als erstmalige Einteilung in Gruppen als auch die Möglichkeit der Einordnung von Komponenten zu einer bestehenden Gruppierung) ermöglicht es also, standardisierte Schnittstellen für Modelle mechatronischer Komponenten zu definieren. Eine Vielzahl bereits vorhandener Automatisierungen als auch weiterer denkbarer Methoden werden so letztendlich im Anlagenentstehungs- und -Absicherungsumfeld durch die Klassifizierung mechatronischer Komponenten ermöglicht.

6.2 Beispiel einer Komponentenbibliothek

Der grundlegende Aufbau einer Komponentenbibliothek unter Verwendung des AML-Standards wurde bereits in Abschnitt 3.1 beschrieben. Zur Umsetzung der erarbeiteten Klassifizierung in eine Bibliothek bietet es sich an, jede Klasse in einer Role Class (RC) abzubilden. Die jeweilige RC enthält entsprechend seiner Klasse die erarbeiteten Schnittstellen als IC und je nach Bedarf darüber hinaus verschiedene Attribute. Die einzelnen Komponenten jeder Klasse wiederum werden durch SUCs abgebildet und nutzen die entsprechende RC als unterstützte RC. Eine RC-Library repräsentiert also die Klassifizierung, während die Umsetzung einzelner Komponenten durch SUCs realisiert wird und deren Zuordnung zur Klassifizierung durch die Zuordnung jeweils einer RC erfolgt. So lassen sich System Unit Class Libraries aufbauen, die alle zur Verfügung stehenden mechatronischen Komponenten inklusive deren Zuordnung zur Klassifizierung und der dadurch entsprechend eindeutigen Semantik beinhalten, sowie als Grundlage zur Nutzung gesamtheitlicher Datenmodelle dienen. Ein Beispiel einer so aufgebauten Bibliothek in AML ist in Abbildung 6.2 dargestellt. Neben der beschriebenen RC-Library und der System Unit Class Library sind auch eine Erweiterung der IC-Library um die IC *FMUInterface* sowie eine sehr einfache Instance Hierarchy (IH) abgebildet.

6.3 Erzeugung gesamtheitlicher Datenmodelle

Die Eignung des AML-Standards für die Anbindung einzelner Datenmodelle zu einem ganzheitlichen Modell einer Komponente wurde bereits in Abschnitt 3.1.2 diskutiert. Nachdem die Struktur und eine beispielhafte Bibliothek von Komponentenmodellen erläutert wurde, soll nun auch die durchgängige Nutzung solcher ganzheitlichen Komponentenmodelle im Anlagenentstehungsprozess näher betrachtet werden. Diese durchgängige Nutzung soll einerseits die Datenhandhabung im Anlagenentstehungsprozess und den gesamten Lebenszyklus vereinfachen und dafür sorgen, dass Informationen, die bereits in frühen Phasen des Entstehungsprozesses ge-

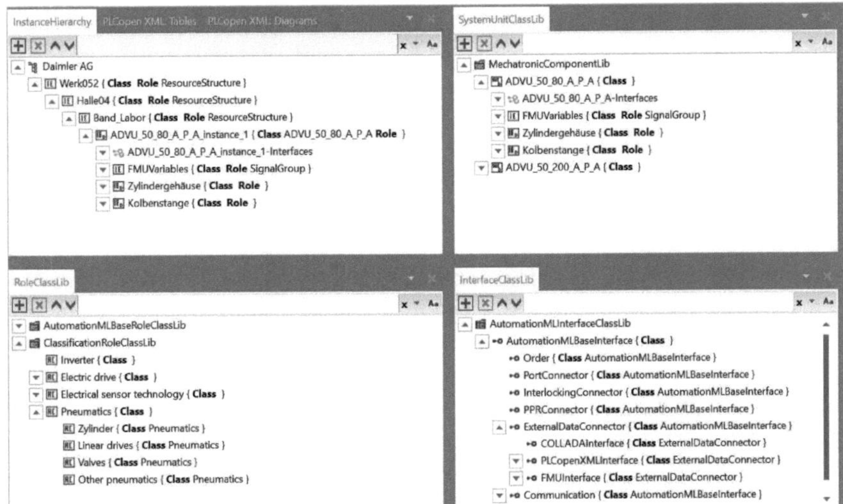

Abbildung 6.2: Beispiel einer Bibliothek in AML

neriert wurden nicht auf Grund von Dateninkompatibilität verloren gehen und immer wieder neu generiert oder eingegeben werden müssen. Andererseits wird durch eine konsequente Nutzung der vorgeschlagenen Ansätze sichergestellt, dass virtuelle Absicherungen und vor allem der Aufbau entsprechender Absicherungsmodelle ohne großen Aufwand stattfinden kann. Die Klassifizierung der verwendeten, standardisierten Komponentenmodelle inklusive deren Bereitstellung in einer Bibliothek bilden dabei die Grundlage.

6.3.1 Gesamtkonzept

Das Gesamtkonzept zur durchgängigen Nutzung der Datenmodelle unter Zuhilfenahme des AML-Standards kann zunächst in die zwei Bereiche *Modellbereitstellung* und *Modellnutzung* eingeteilt werden. Dabei stellt die Modellbereitstellung die Grundlage für die Nutzung dar. Abbildung 6.3 verdeutlicht das Konzept zur gesamtheitlichen Modellbereitstellung unter Nutzung von AML. Es werden, im Gegensatz zur Darstellung in Abbildung 5.2, nicht nur die Modelle einer Phase des Anlagenentstehungsprozesses in eine Bibliothek geliefert. Stattdessen werden alle zur Komponente verfügbaren Modelle und Informationen vom Komponentenhersteller abgefragt. Diese werden dann durch den Nutzer der Modelle, im speziellen Anwendungsfall also dem OEM (oder eine von ihm beauftragte Partei), entsprechend seiner Vorgaben aufbereitet, in AML verknüpft und als gesamtheitliches Komponentenmodell in einer SUC-Bibliothek abgelegt. Diese enthält dadurch alle für den Anwender relevanten, klassifizierten Komponentenmodelle, von welchen wiederum jedes einzelne alle zur Verfügung stehenden Daten beinhalten. Das Konzept der durchgängigen Nutzung der auf diese Weise

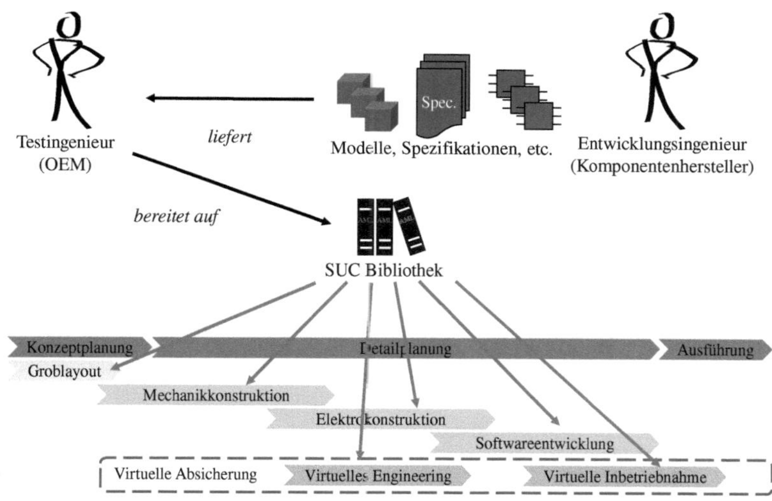

Abbildung 6.3: Gesamtheitliche Modellbereitstellung

zur Verfügung gestellten gesamtheitlichen Komponentenmodelle im gesamten Anlagenentstehungsprozess wird in Abbildung 6.4 aufgezeigt. Die Grundannahme ist dabei, dass in jeder der vier Planungsphasen Spezifikation, Mechanik- und Elektrokonstruktion sowie Softwareentwicklung jeweils phasenspezifische Werkzeuge zur Erfüllung der entsprechenden Aufgaben der Phase zum Einsatz kommen. Gleiches gilt auch für die zwei Phasen der virtuellen Absicherung VE und VIBN. Die Übertragung der Daten, die eine durchgängige Nutzung der jeweils generierten Informationen er-

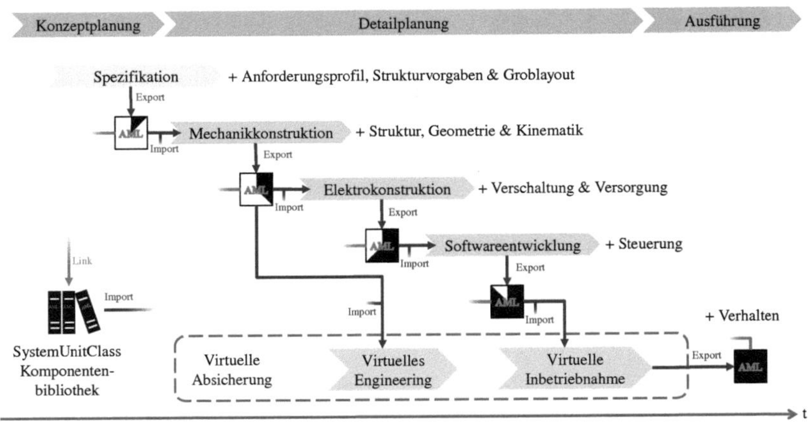

Abbildung 6.4: Konzept zur gesamtheitlichen Nutzung von AML im Anlagenentstehungsprozess

möglicht, wird durch AML realisiert. Nach dem in der Spezifikationsphase das Anforderungsprofil, die Strukturvorgaben und ein Groblayout sowie weitere relevante Informationen wie prozessuale Vorgaben und sonstige Spezifikationen durch den AG definiert wurden, werden diese Informationen in einer zur Anlage gehörenden AML-Beschreibung abgelegt. Diese Beschreibung wiederum bildet die Grundlage für die nächste Phase der Mechanikkonstruktion beim AN. Dabei werden alle für diese Phase relevanten Informationen, beispielsweise das Groblayout und die Strukturvorgaben, genutzt und gegebenenfalls entsprechend der durchzuführenden Aufgaben erweitert. Speziell werden in dieser Phase die Struktur sowie das Layout der Anlage detailliert und vervollständigt. Zusätzlich werden Informationen zur Kinematik des Gesamtsystems hinzugefügt. Dabei kommen die notwendigen Modelle und Informationen wo immer möglich aus der bereits diskutierten SUC-Komponentenbibliothek. Der Konstrukteur nutzt diese Bibliothek, in der sich alle freigegebenen Kaufteile des AGs befinden und instanziiert die von ihm benötigten Teile in sein verwendetes CAD-Tool. Ist die Phase der Mechanikkonstruktion abgeschlossen, wird wieder AML genutzt, um die generierten Informationen in den nächsten Schritt der

Elektrokonstruktion zu überführen. Zunächst wird mit den erzeugten Daten jedoch das VE durchgeführt. Dazu werden alle benötigten Modelle und Daten aus der zu diesem Zeitpunkt vorhandenen AML-Beschreibung importiert. Auf dieser Grundlage kann ein automatisierter Modellaufbau erfolgen. Nach erfolgreicher Simulation im VE kann mit der nächsten Phase des Anlagenentstehungsprozess fortgefahren werden. Die Ausdetaillierung des Soll-Taktzeitdiagramms im VE kann ebenfalls in AML abgelegt werden. In der Elektrokonstruktion wird mittels AML die vorhandene Information aus den vorherigen Phasen importiert und als Grundlage zur Verschaltung und Versorgung aller enthaltenen elektrischen und pneumatischen Komponenten genutzt. Dabei wird beispielsweise die Notwendigkeit der Instanziierung einzelner Komponenten durch die Instanziierung abhängiger Komponenten in den vorherigen Phasen erkannt (so kann ein Pneumatikzylinder nicht ohne entsprechendes Ventil betrieben werden). Gleichzeitig werden die Daten bereits instanziierter Komponenten aus der SUC-Komponentenbibliothek importiert. Nach dem Fertigstellen der Elektrokonstruktion wird die AML-Beschreibung der Anlage um die hinzugefügten Informationen ergänzt und als Grundlage in die Phase der Softwareentwicklung importiert. Dort wird die Steuerung der Anlage entwickelt und implementiert. Dabei kommen einerseits das Soll-Taktzeitdiagramm als Grundlage für den Prozessablauf zum Einsatz. Die Verwendung des im VE entstandenen Diagramms führt an dieser Stelle zu zusätzlichen Aufwandsreduzierungen. Andererseits wird die steuerungstechnische Information der instanziierten mechatronischen Komponenten aus der SUC-Komponentenbibliothek in die Software-Entwicklungsumgebung importiert und eventuell vorhandene Verknüpfungen zu anderen Komponenten bereits entsprechend berücksichtigt. Nach erfolgter Softwareentwicklung wird die AML-Beschreibung um die hinzugefügte Information ergänzt und dient im nächsten Schritt als Grundlage zur Durchführung der VIBN. Auch hier erfolgt die Simulationsmodellerstellung auf Grundlage der vorhandenen AML-Daten automatisiert. Eventuell notwendige Anpassungen in diesem Absicherungsschritt werden ebenfalls in die AML-Beschreibung integriert.

Neben der klassischen sequentiellen und parallelen Abarbeitung der verschiedenen Aufgaben bei der Planung und Entwicklung einer Anlage können durch das vorgestellte Konzept auch Iterationsschleifen realisiert werden. So können AML-Beschreibungen einer Anlage jederzeit wieder in eine vorhergehende Phase des Anlagenentstehungsprozesses importiert werden, um eventuell notwendige Änderungen nachzuziehen. Nach dem erneuten Export der Daten und der damit verbundenen Integration der getätigten Änderungen, sollten idealerweise alle folgenden Phasen erneut durchlaufen werden. Wird eine solche Iteration ohne die vorgestellte Datendurchgängigkeit durchgeführt, sind insbesondere die folgenden Phasen sehr aufwandsintensiv, da stets geprüft werden muss, ob und wo sich Änderungen ergeben haben und ob dies zusätzliche Änderungen in den Folgephasen mit sich bringt. Durch die verbesserte Datendurchgängigkeit können solche Prüfungen automatisiert auf Basis der AML-Daten durchgeführt werden. Es kann genau aufgezeigt werden, wo eine Änderung statt fand und ob diese Folgeänderungen bedingt.

Durch diese durchgängige Vorgehensweise wird im Anlagenentstehungsprozess auf Grundlage der SUC-Komponentenbibliothek und mit Hilfe aller Phasen des Anlagenentstehungsprozess nach und nach eine vollständige und gesamtheitliche Beschreibung der geplanten Anlagen erstellt. Die so entstandene Beschreibung der Anlage in AML kann als Grundlage für weitere Prozesse wie Dokumentation, Instandhaltung und Betrieb der Anlage ideal und ohne Datenverlust genutzt werden. Die Nutzung eines einheitlichen Standards über alle Disziplinen und Phasen des Anlagenentstehungsprozesses und die vorgestellten Vorgehensweisen zur Nutzung dieser, legt die Grundlage für eine Vielzahl denkbarer Folgenutzungen der Daten. Diverse Automatismen und Plausibilitätsprüfungen können auf Grund der Datendurchgängigkeit realisiert werden, was wiederum die Effizienz des Anlagenentstehungsprozess und nachfolgender Prozesse signifikant erhöht. Einmal generierte Daten und Informationen werden auf sinnvolle Weise erfasst und für die Nutzung in anderen Prozessschritten verfügbar gemacht.

Auf einige Punkte des vorgestellten Gesamtkonzepts soll im Folgenden technisch näher eingegangen werden.

6.3.2 Native Datenformate

Bei genauerer Betrachtung des vorgestellten Konzepts stellt sich die Frage, in welchen Formaten die einzelnen Disziplinen wie Mechanik- und

Elektrokonstruktion oder Softwareentwicklung durchgeführt werden sollen. Grundsätzlich stellt das AML-Format für alle notwendigen Disziplinen im Anlagenentstehungsprozess entsprechende Formate zur Verfügung. Es wäre also möglich diese Formate als Arbeitsformate zu nutzen, um in den jeweiligen Disziplinen die benötigten Arbeiten durchzuführen. Andererseits existieren neben den in AML vorgesehenen Formaten eine Vielzahl anderer, für spezielle Anwendungen und Aufgaben zugeschnittene proprietäre Datenformate, die teilweise eine Vielzahl zusätzlicher Informationen in den jeweils auf das Format abgestimmten Tools bereit hält. Zudem wäre die Unterstützung nativer Speicherung in offenen, von AML unterstützten Formaten der einzelnen Spezialtools in Bereichen wie CAD oder ECAD äußerst fragwürdig. Daher ist für das vorgestellte Konzept die Nutzung eines Im- und Export-Konzepts mit zusätzlicher Anbindung der nativen Datenformate deutlich sinnvoller. Die Werkzeuge, die in den einzelnen Phasen zum Einsatz kommen verwenden also reguläre, meist proprietäre Datenformate. Eine entsprechende Importfunktion ermöglicht es jedoch, bereits in vorherigen Prozessschritten generierte Informationen im Werkzeug zur Verfügung zu stellen. Gleichzeitig stellt ein Export sicher, dass die im jeweiligen Schritt generierten zusätzlichen Daten und Informationen wiederum in AML abgelegt werden können. Zusätzlich zu den jeweils exportierten neutralen Beschreibungen der Daten wird in jedem Schritt auch die native Datei mit angehängt und per IC *ExternalDataConnector* referenziert. Diese Vorgehensweise stellt einerseits sicher, dass die nativen Daten nicht verloren gehen und in hoher Qualität zur Verfügung stehen. Andererseits wird durch das Mitziehen der nativen Daten sichergestellt, dass auch in Iterationsschritten ein zuverlässiges Änderungsmanagement in den entsprechenden Spezialwerkzeugen statt finden kann. Das AML-Format dient also primär dem Informationsaustausch und der Sicherstellung der Datendurchgängigkeit.

6.3.3 Instanziierung und Verknüpfungen zwischen den Instanzen

Einzelne Komponenten werden in den jeweiligen Phasen, in denen sie das erste mal projektiert werden in die aktuell geplante Anlage instanziiert. Die konkret zu planende Anlage selbst wird also in der IH aufgebaut während die Komponenten aus der SUC-Komponentenbibliothek stammen. Nach erfolgter Instanziierung einer SUC in die IH müssen gegebenenfalls Verknüpfungen zwischen mehreren Instanzen erfolgen. Diese Verknüpfungen erfolgen jedoch, wie die Instanziierungen auch, immer durch eine entsprechende Entwicklung im nativen Planungswerkzeug. So werden beispielsweise in der Mechanikkonstruktion neue SUCs instanziiert indem sie im entsprechenden CAD-Werkzeug der Konstruktion hinzugefügt werden. Verknüpfungen entstehen immer dann, wenn Beziehungen zwischen instanziierten Komponenten untereinander oder zwischen sonstigen Teilen der Anlage hergestellt werden. So wird z.B. eine Verknüpfung zwischen dem neu instanziierten Steuerungsprogramm der steuerungstechnischen Repräsentation einer Komponente durch einen Internal Link (IL) hergestellt, wenn im Steuerungsprogramm eine Komponente angesteuert wird. Die Verknüpfung der einzelnen Anlagenteile und -repräsentationen findet dabei immer auf Basis eines External Interface (EI) statt. Durch diese Ausprägung der Instanziierung und Verknüpfung der EIs durch IEs wird sichergestellt, dass die Information der Verwendung von speziellen SUCs und alle notwendigen Verknüpfungen innerhalb des durchgängigen Anlagendatenmodells auf übersichtliche Weise erhalten bleibt. Durch die selektive Betrachtung der für die jeweiligen Werkzeuge relevanten Teile der Anlagenrepräsentation, können somit alle für die gewünschte Anwendung relevanten Informationen schnell und zuverlässig abgerufen werden.

Für endgültig zu verwendende Baugruppen (die beispielsweise bei einem AG so ohne Änderungen vorgegeben sind) können selbstverständlich nach dem beschriebenen Prinzip SUCs aufgebaut und in entsprechenden Bibliotheken zur Verfügung gestellt werden.

6.3.4 Nutzung und Anbindung der Komponentenbibliothek

Wie bereits erwähnt, werden alle Kaufteile aus einer SUC-Komponentenbibliothek in die IH instanziiert. Dabei stellt sich die Frage nach der konkreten Nutzung und Anbindung dieser Komponentenbibliothek. Zur konkreten Herstellung von Verknüpfungen zwischen Komponenten und anderen Anlagenteilen durch ILs ist es unabdingbar, bei der Instanziierung den CAEX-Datensatz der Komponente mit in die IH zu kopieren. Es scheint jedoch nicht sinnvoll, auch die einzelnen verlinkten Datenmodelle mitzuziehen. Durch die Belassung dieser in der Bibliothek und den damit notwendigen absoluten Verweis in den EIs auf die in der Bibliothek befindlichen Daten wird sichergestellt, dass die jeweils aktuellste Variante der Daten zur jeweiligen Version der Komponente verwendet wird. Bei Nutzung der Daten werden diese entsprechend aus der Bibliothek angezogen und verwendet. Zusätzlich wird dadurch die Größe der AML-Anlagenbeschreibung so gering wie möglich gehalten, da beispielsweise n-Fach instanziierte Daten nicht n-Fach kopiert werden, sondern in der Bibliothek verbleiben, wo sie bei Bedarf abgezogen werden können. Anders hingegen funktioniert die Datenhaltung der angekoppelten nativen Datenformate der Spezialwerkzeuge für ganze Phasen. Da diese für die Anlage spezifisch sind, können sie nicht in der Komponentenbibliothek gespeichert werden. Im Rahmen einer schlanken Datenhaltung erscheint es jedoch sinnvoll, diese Daten in einer zusätzlichen Anlagenbibliothek abzulegen und wiederum aus dem AML-Modell entsprechend absolut zu verlinken, zumal eine solche Datenbank ohnehin bei vielen AGs existiert. Durch den vorgestellten Ansatz lassen sich also sehr schlanke Anlagenbeschreibungen erstellen, die durch den gesamten Anlagenentstehungsprozess und sogar der gesamten Lebenszeit einer Anlage genutzt und bei Bedarf jederzeit entsprechend ergänzt oder erweitert werden. Alle essentiellen Aspekte der Anlage sind dabei in einem neutralen Format beschrieben, sodass auch ein Werkzeugwechsel während der Laufzeit ohne erheblichen Informationsverlust durchgeführt werden kann. Alle notwendigen Beziehungen verschiedener Anlagenteile und deren Datenmodelle können ideal hergestellt werden, was ein Maximum an Nutzbarkeit und Datendurchgängigkeit garantiert. Gleichzeitig kann durch die Verwendung des Bibliothekskonzepts für mechatronische Komponenten eine ideale Verwaltung dieser erreicht werden. Dabei minimiert sich der Aufwand für den Nutzer in den verschiedenen Phasen des Anlagenentstehungsprozess und des restlichen Lebenszyklus der Anlage.

6.3.5 Die Gesamtwerkzeugkette

Zur Verwendung der vorgestellten Methoden im Anlagenentstehungsprozess muss die Gesamtwerkzeugkette aus Abbildung 2.10 lediglich minimal angepasst werden. Abbildung 6.5 zeigt diese angepasste Werkzeugkette. Die Co-Simulation übernimmt dabei neben der eigentlichen Simulation der Komponentenmodelle auch die Anbindung an bestehende Werkzeuge und Methoden. Es ist also ohne weiteres möglich, die gesamtheitlichen Datenmodelle ohne großen Aufwand in bereits existierende Abläufe zu integrieren.

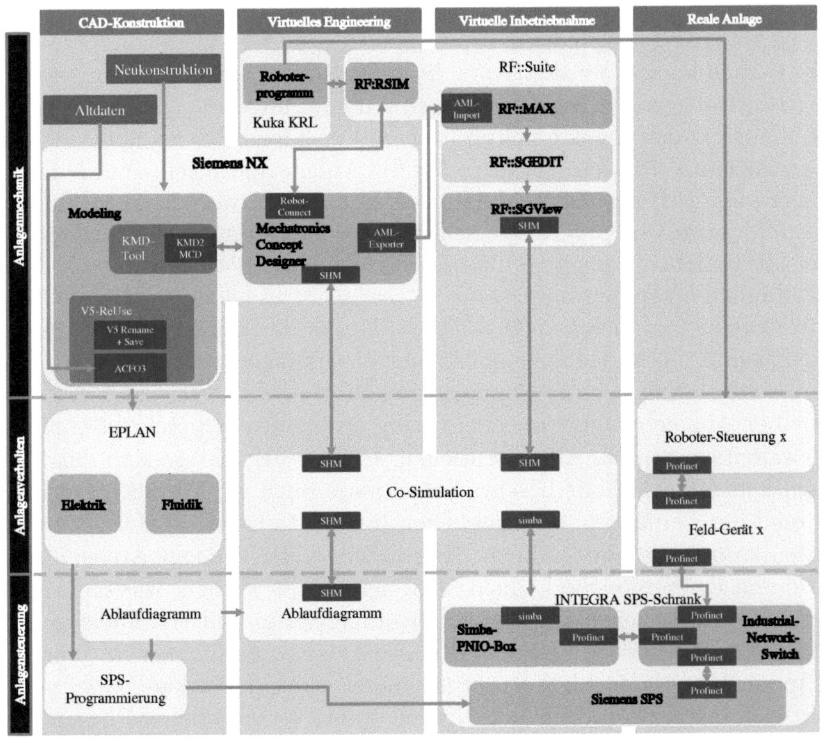

Abbildung 6.5: Verwendete Werkzeuge im neuen Anlagenentstehungsprozess

7 Fazit

Abschließend wird an dieser Stelle ein Fazit gezogen. Dazu wird die Arbeit zunächst zusammengefasst. Anschließend werden ein Ausblick und weitere mögliche Schritte aufgezeigt, die sich aus den erarbeiteten Punkten ergeben.

7.1 Zusammenfassung

Nach einer grundlegenden Einführung in den Themenkomplex Simulation und Verifikation im Anlagenentstehungsprozess und dem gesamten Anlagenlebenszyklus wurde die Nutzung von Komponentenmodellen in Produktionsanlagen näher beschrieben. Dabei wurde bereits auf die Standardisierung der Schnittstellen von Komponentenmodellen und die Bereitstellung der Modelle eingegangen.

Anschließend wurden die neusten Erkenntnisse im Bereich Anlagensimulation diskutiert. Dort konnte ein klarer Bedarf nach einer Klassifizierung von Komponentenmodellen sowie einer besseren Nutzung der Datenmodelle festgestellt werden.

Die entsprechende Klassifizierung der Komponentenmodelle wurde durch die Kombination verschiedener Methoden erarbeitet. Dazu wurden Produktklassifizierungsstandards, multivariate Analysemethoden und Methoden der biologischen Taxonomie und Systematik näher erläutert. Zur idealen Ausnutzung derer jeweiligen Eigenschaften, sollte zunächst eine einmalige Gruppierung der betrachteten Komponentenmodelle erreicht werden. Dazu wurde zunächst eine bestehende Menge von Komponentenmodellen geclustert und anschließend gruppiert. Diese Gruppierung kann anschließend mit Produktklassifizierungsstandards harmonisiert werden. Weiter wurden Algorithmen entwickelt, die es erlauben, neu hinzukommende Komponentenmodelle einer bereits existierenden Gruppierung zuzuordnen, was die Klassifizierung mechatronischer Komponenten komplettiert. Es konnte gezeigt werden, dass es möglich ist, mechatronische Komponenten und deren Modelle effizient zu klassifizieren.

Danach wurde untersucht, inwiefern eine solche Klassifizierung die Nutzung von Komponentenmodellen über den gesamten Lebenszyklus produktionstechnischer Anlagen begünstigt. Dazu wurden verschiedene Optionen der durchgängigen Nutzung der Komponentenmodelle auf Basis der erarbeiteten Klassifizierung erörtert. So wurde zunächst eine einheitliche Struktur der Komponenten sowohl in Semantik als auch in Syntax erarbeitet. Danach wurde eine beispielhafte Komponentenbibliothek vorgestellt. Diese beiden Punkte wiederum ermöglichten die Erzeugung ganzheitlicher Datenmodelle über den gesamten Lebenszyklus einer Anlage hinweg. Es konnte gezeigt werden, dass die auf der Klassifizierung beruhende Strukturierung der Komponentenmodelle sowie deren Zuordnung in eine Bibliothek wesentlich zur durchgängigen Nutzung der Modelle über den gesamten Lebenszyklus einer produktionstechnischen Anlagen beiträgt. Zudem konnte nachgewiesen werden, dass die Klassifizierung wesentlich die Durchgängigkeit der Nutzung der Modelle verbessert.

7.2 Ausblick

Die vorliegende Arbeit hat besonders die Lücke der einheitlichen Klassifizierung von mechatronischen Komponenten und deren Modellen geschlossen. Für die durchgängige Nutzung der gesamtheitlichen Komponentenmodelle wurden neben diesem Grundstein auch diverse Vorgehensweisen vorgeschlagen.

Nun gilt es einerseits die erarbeitete Klassifizierung in möglichst vielen Bibliotheken mechatronischer Komponenten zu etablieren. Je mehr Verbreitung eine solche universelle Systematik findet, desto einfacher und effizienter können alle Phasen des Anlagenlebenszyklus, die Modelle mechatronischer Komponenten benötigen, arbeiten.

Andererseits muss die Nutzung der gesamtheitlichen Komponentenmodelle weiter voran getrieben werden. Die gemachten Vorschläge und erarbeiteten Ansätze können nur ein kleiner Anfang sein, hin zu einer immer effizienteren Gesamtwerkzeugkette im Anlagenlebenszyklus. Themen wie automatischer Aufbau und automatische Simulation von Anlagensimulationen sowohl für den Anlagenentstehungsprozess als auch die späteren Phasen des Lebenszyklus, Nutzung von digitalen Zwillingen, Verbesserung von Leistung und Verfügbarkeit aktueller Absicherungsmethoden und die Einführung neuer, effizienter Absicherungsmethoden seien hier nur als einige Beispiele aufgeführt.

Die einheitliche Klassifizierung mechatronischer Komponenten in Kombination mit gesamtheitlichen Datenmodellen eröffnen ein nahezu grenzenloses Feld an Neuerungen in der virtuellen Produktionswelt von morgen.

A Anhang

A.1 Berechnung der Anschlussleistung pneumatischer Komponenten

In den meisten Datenblättern von pneumatischen Komponenten ist als Quelle für die Eingangsleistung lediglich der mögliche Bereich des Arbeitsdrucks p angegeben. Zur Errechnung der Leistung P ist zusätzlich aber auch der Volumenstrom q notwendig, womit sich die Leistung eines pneumatischen Aktors durch

$$P = p * q \qquad (A.1)$$

ergibt. Der Volumenstrom ist allgemein gegeben durch die Ableitung des Volumens V nach der Zeit, es gilt also

$$q = \frac{\Delta V}{\Delta t}. \qquad (A.2)$$

Zur Berechnung des Volumenstroms eines Zylinders in Ausfahrrichtung gilt daher laut [Bie04] entsprechend

$$q = \frac{d^2 * \pi}{4} * H * p * a \qquad (A.3)$$

mit

$$
\begin{aligned}
q &= \text{Druckluftverbrauch in } l/min, \\
d &= \text{Kolbendurchmesser in } dm, \\
H &= \text{Länge des Kolbenwegs in } dm, \\
p &= \text{Betriebsdruck in } bar \text{ und} \\
a &= \text{Arbeitstakte in } 1/min.
\end{aligned}
$$

Die Arbeitstakte pro Minute sind als solche variabel und je nach Anwendungsszenario und Steuerung des Zylinders unterschiedlich, daher auch nicht im Datenblatt angegeben. Allerdings sind die minimalen und maximalen Ausfahrgeschwindigkeiten bei Nenndruck, slip-freiem Lauf und ohne Last angegeben. Da das Volumen eines Zylinders dessen Grundfläche A mal seines Hubs ist, lässt sich Gleichung (A.2) für einen Ausfahrvorgang Umformen zu

$$q = \frac{A * H}{t} \tag{A.4}$$

und mit der Geschwindigkeit, also der Ableitung des Weges über der Zeit weiter umstellen zu

$$q = A * v. \tag{A.5}$$

Wird als Beispiel der *DSNU-16-160-PPV-A*-Zylinder der Firma Festo herangezogen ergibt sich mit den aus dem Datenblatt gegebenen 6 *bar* Nenndruck und der maximalen Ausfahrgeschwindigkeit von 0,1 *m/sec* der Volumenstrom des ausfahrenden Zylinders zu

$$q = \frac{0{,}016 \ m^2 * \pi}{4} * 0{,}1 \ m/sec$$
$$\approx 0{,}000020106 \ m^3/sec.$$

Diesen Wert in Gleichung (A.1) eingesetzt ergibt dann die maximale Nennleistung des Zylinders ohne Last zu

$$P = 6 \ 10^5 \ kg/m \ sec^2 * 0{,}000020106 \ m^3/sec$$
$$\approx 12{,}06 \ W.$$

Alternativ könnte die Leistung auch durch die translatorische Bewegung über

$$P = F * v \tag{A.6}$$

berechnet werden, wobei F die theoretisch höchste Kolbenkraft darstellt. Diese ist im Datenblatt aufgeführt oder ergibt sich aus

$$F = p * A \tag{A.7}$$

wobei A wiederum die wirkende Fläche ist. Im genannten Beispiel errechnet sich diese also zu

$$F = 6\ 10^5\ N/m^2 * \frac{0{,}016\ m^2 * \pi}{4}$$
$$\approx 120{,}6\ N,$$

der selben Kraft die für einen Druck von 6 *bar* auch im Datenblatt angegeben ist. In Gleichung (A.6) eingesetzt ergibt die Leistung hier ebenfalls

$$P = 120{,}6\ N * 0{,}01\ m/sec$$
$$\approx 12{,}06\ W.$$

A.2 Komponenten und deren Merkmale

A: Energie pneumatisch;
B: Energie elektrisch;
C: Energie hydraulisch;
D: passiv;
E: parametrierbar;
F: variabel;
G: programmierbar;
H: Bewegung linear;
I: Bewegung rotatorisch;
J: Bits zur SPS;
K: Bits von SPS;
L: Eingänge Kraft;
M: Ausgänge Kraft;
N: Eingänge Info (außer SPS);
O: Ausgänge Info (außer SPS);
P: Verbrauch Hilfsenergie;
Q: Ab-/Weitergabe Hilfsenergie;
R: Anschlussleistung [W];
S: Breite [mm];
T: Höhe [mm];
U: Tiefe [mm];
V: Gewicht [kg]

	A	B	C	D	E	F	G	H	I	J	K	L	M	N	O	P	Q	R	S	T	U	V
Linearantrieb PN 25	1	0	0	0	1	0	0	1	0	0	0	0	1	0	0	1	0	885	600	63	57	1,52
Linearantrieb PN 40	1	0	0	0	1	0	0	1	0	0	0	0	1	0	0	1	0	2262	700	86	78	4,48
Flachzylinder 40	1	0	0	0	1	0	0	1	0	0	0	0	1	0	0	1	0	2262	126	82	30	0,48
Normzylinder 20	1	0	0	0	1	0	0	1	0	0	0	0	1	0	0	1	0	18,85	142	27	27	0,187
Normzylinder 25	1	0	0	0	1	0	0	1	0	0	0	0	1	0	0	1	0	29,45	151,5	27	27	0,24
Normzylinder 12	1	0	0	0	1	0	0	1	0	0	0	0	1	0	0	1	0	6,79	130	20	20	0,075
Normzylinder 16	1	0	0	0	1	0	0	1	0	0	0	0	1	0	0	1	0	12,06	271	20	20	0,09
Getriebemotor 51/67	0	1	0	1	0	0	0	0	1	0	0	0	1	0	0	1	0	370	308	139	178,5	10,5
Getriebemotor 122/28	0	1	0	1	0	0	0	0	1	0	0	0	1	0	0	1	0	370	308	139	178,5	10,5
Getriebemotor 122/57	0	1	0	1	0	0	0	0	1	0	0	0	1	0	0	1	0	750	345	209	154	11
Getriebemotor 58/120	0	1	0	1	0	0	0	0	1	0	0	0	1	0	0	1	0	750	345	209	154	11
Getriebemotor 135/151	0	1	0	1	0	0	0	0	1	0	0	0	1	0	0	1	0	2200	463	244	194	24
Frequenzumrichter 0,37	0	1	0	0	1	1	0	0	0	32	48	0	0	0	0	0	1	396	241	161	109	2,6
Frequenzumrichter 3	0	1	0	0	1	1	0	0	0	32	48	0	0	0	0	0	1	3110	261	176	135	3,5
Servomotor 4,7	0	1	0	0	1	1	0	0	0	32	48	0	0	0	0	0	1	4700	369	182	130	15,5
Servomotor 7,1	0	1	0	0	1	1	0	0	0	32	48	0	0	0	0	0	1	7100	449	228,5	165	24,9
Servo-Umrichter 0,37	0	1	0	0	1	1	0	0	0	32	48	0	0	0	0	0	1	480	386	288	60	4
Gabellichtschranke	0	1	0	1	0	0	0	0	0	1	0	0	0	0	0	0	0	1,05	140	86	10	0,116
Sicherheitsendschalter	0	1	0	1	0	0	0	0	1	2	0	1	0	0	0	0	0	0	120	40	40	0,4
Endschalter	0	1	0	1	0	0	0	0	0	2	0	0	0	1	1	0	0	6	95	75	36	0,4
Näherungsschalter	0	1	0	1	0	0	0	0	0	1	0	0	0	1	1	0	0	6	32	20	8	0,044
Induktionssensor	0	1	0	1	0	0	0	0	0	1	0	0	0	0	0	0	0	0,6	65	30	30	0,129
Abstandssensor	0	1	0	0	1	0	0	0	0	1	0	0	0	0	0	0	0	4,5	59	52	42	0.3
Druckschalter	0	1	0	0	1	0	0	0	0	2	0	0	0	0	0	0	0	1,05	90,7	49,4	34	0,232
Magnetventil	1	1	0	1	0	0	0	0	0	0	1	0	0	0	0	0	1	2,4	107,8	58,2	18	0,14
Pneumatikventil VSPA	1	1	0	1	0	0	0	0	0	0	0	0	0	1	0	0	1	5	100	38	26,2	0.18
Pneumatikventil 5/3B	1	1	0	1	0	0	0	0	0	0	2	0	0	0	0	0	1	5	184	63,5	65	0.91
Pneumatikventil 5/2	1	1	0	1	0	0	0	0	0	0	2	0	0	0	0	0	1	5	98	46,5	42	0.29
Pneumatikventil 5/3G	1	1	0	1	0	0	0	0	0	0	2	0	0	0	0	0	1	5	108,4	46,5	42	0.32
Balgsauggreifer	1	0	0	1	0	0	0	0	0	0	0	0	1	0	0	1	0	50	52,5	32	32	0,018
Flachsauggreifer	1	0	0	1	0	0	0	0	0	0	0	0	1	0	0	1	0	100	33	149	76	0,095
Messwertgeber BG4	0	1	0	1	0	0	0	0	1	0	0	0	0	1	1	0	0	2,4	136	90	54	1,6
Vorschubabtrieb BG4	1	0	0	1	0	0	0	1	0	2	0	0	1	0	0	1	0	100	795	149	60	6,6
EC-Motor BG4	0	1	0	1	0	0	0	0	1	0	0	0	1	1	0	1	0	1600	267	62	58	2,8
Zustimmtaster	0	1	0	1	0	0	0	1	0	2	2	2	0	0	2	0	0	2,4	100	200	115	2,5
Pilzdrucktaster	0	1	0	1	0	0	0	1	0	1	0	1	0	0	0	0	0	0	78	32	32	0,055
Seilzugschalter	0	1	0	1	0	0	0	1	0	2	0	1	0	0	0	0	0	0	124,5	82	44	0,35
Sicherheitsschalter	0	1	0	1	0	0	0	0	0	2	0	0	0	1	0	0	0	2	72	40	40	0,19
Spanner Hebel	1	0	1	1	0	0	0	0	1	2	0	0	1	0	0	1	0	1508	250	82,5	66,5	1,5
Spanner Arm	1	0	1	1	0	0	0	0	1	2	0	0	1	0	0	1	0	1508	319	82,5	66,5	1,74

Tabelle A.1: Stichprobe mechatronischer Komponenten zur erstmaligen Klassifizierung

A.3 Eingeführte Verfahren der multivariaten Analyse und der Phylogenetik

Tabelle A.2 und Tabelle A.3 zeigen eine Übersicht der im Rahmen der Arbeit eingeführten Verfahren der multivariaten Analysemethoden und der Phylogenetik. Die konkret verwendeten Verfahren der multivariaten Analysemethoden für die in der Arbeit aufgeführten Beispiele sind dabei fett markiert.

Clusteranalyse			
Transformation der Merkmalsausprägung	Proximitätsmaße		Fusionierung (Gruppierungs-verfahren)	Cluster-Anzahl
	Ähnlichkeitsmaße	Distanzmaße		
z-Transformation	Jaccard-Koeffizient	Bin. Euklidische Distanz	Single Linkage	**Point-Biserial-Index Verfahren nach Duda**
L_r-Normierung	M-Koeffizient	Lance-Williams-Maß	Complete Linkage	
[0,1]-Normierung	Russel & Rao Koeffizient	Binäre Form-Differenz	Average Linkage	
Gewichtung	nominal Tranformation	Chi-Quadrat-Maß	Centeroid	
Median-Normierung	Häufigkeitsdaten-Analyse	Phi-Quadrat-Maß	Median	
Logarithmierung	metrisch Kosinus	**Euklidische Distanz**	**Ward**	
Prozent-Normierung	Pearson-Korrelation	Minkowski Metrik (L_r)		

Tabelle A.2: Übersicht eingeführter Verfahren des Clustering

Erstellung phylogenetischer Bäume			
Merkmalsbasiert	Abstandsbasiert	Wahrscheinlichkeitsmethoden	Optimierungen
Maximum Parsimony	Neighbor-Joining	Maximum-Likelihood	Nearest-Neighbor-Interchange
	Linkage Analysis		
	UPGMA		

Tabelle A.3: Übersicht eingeführter Verfahren des Phylogenetik

Literaturverzeichnis

[AB06]   Remi Arnaud und Mark Barnes. *COLLADA: sailing the gulf of 3D digital content creation*. CRC Press, 2006 (siehe S. 32, 148).

[Agg87]   Béla Aggteleky. *Fabrikplanung: Werksentwicklung und Betriebsrationalisierung. 1. Grundlagen-Zielplanung-Vorarbeiten, unternehmerische und systemtechnische Aspekte, Marketing und Fabrikplanung*. Hanser, 1987 (siehe S. 12).

[AlG11]   Tarek AlGeddawy. „Co-evolution in Manufacturing Systems Inspired by Biological Analogy". Diss. University of Windsor, 2011 (siehe S. 74, 75, 77–79).

[Aur17]   Felix Auris, Sebastian Süß, Andreas Schlag und Christian Diedrich. „Towards shorter validation cycles by considering mechatronic component behaviour in early design stages". *2017 22nd IEEE International Conference on Emerging Technologies and Factory Automation (ETFA)*. 2017 (siehe S. 44).

[Aur18a]   Felix Auris, Jessica Fisch, Michael Brandl, Sebastian Süß, Abedalhameed Soubar und Christian Diedrich. „Enhancing Data-Driven Models with Knowledge from Engineering Models in Manufacturing". *14th IEEE International Conference on Automation Science and Engineering*. Munich, Germany, 2018 (siehe S. 27, 44).

[Aur18b]   Felix Auris, Holger Zipper, Michael Brandl, Sebastian Süß und Christian Diedrich. „Durchgängige Nutzung von Anlagenmodellen". *atp edition*, Bd. 60(06-07) (2018), S. 90–91 (siehe S. 25, 28, 44, 47).

[Aut17]   AutomationML-consortium. *Whitepaper AutomationML. Part 4: AutomationML Logic*. www.automationml.org. Version 1.5.0. 2017 (siehe S. 152).

[AVA]   AVANTI-Projekt. URL: http://www.avanti-project.de [Abruf: 25.04.2017] (siehe S. 51, 147).

[Bac16]   Klaus Backhaus, Bernd Erichson, Wulff Plinke und Rolf Wei-
            ber. *Multivariate Analysemethoden*. Springer Berlin Heidelberg,
            2016 (siehe S. 59–62, 66–69, 93).

[Bär05]   Thomas Bär, Jens Kiefer, Günter Schmidgall und Holger Burr.
            „Objectives of a Seamless and Digital Process and Chain and
            in the Automotive and Industry". *International Conference
            on Changeable, Agile, Reconfigurable and Virtual Production
            (CARV)*. 2005 (siehe S. 19).

[Bär14]   Thomas Bär, Matthias Riedl, Bernd Kärcher, Holger Hämmer-
            le, Herbert Beesten, Markus Pfeil und Felix Damrath. „Physik-
            basierte Simulation zur Unterstützung der Virtuellen Inbetrieb-
            nahme". *AUTOMATION*. Baden-Baden: VDI Wissensforum
            GmbH, 2014 (siehe S. 23).

[Ber05]   Markus Bergholz. „Objektorientierte Fabrikplanung". Diss.
            RWTH Aachen, 2005 (siehe S. 12, 13).

[Ber81]   Siegfried Bergs. „Optimalität bei Clusteranalysen : Experimen-
            te zur Bewertung numerischer Klassifikationsverfahren". Diss.
            Universität Münster, 1981 (siehe S. 63, 64, 69, 70).

[BG08]   Wolfgang Brenner und Tina Galuschka. *Klassifizierung in der
            Praxis*. Melsungen : Bernecker, 2008 (siehe S. 55).

[BGM18]   Christian Bär, Thomas Grädler und Robert Mayr. *Digitalisie-
            rung im Spannungsfeld von Politik, Wirtschaft, Wissenschaft
            und Recht - 2. Band: Wissenschaft und Recht*. 1. Aufl. 2018.
            Berlin Heidelberg New York: Springer-Verlag, 2018 (siehe S. 1).

[Bie04]   Ulrich Bierbaum. *Druckluft-Kompendium*. Hrsg. von Jürgen
            [Bearb.] Hütter. 6., überarb. Aufl. Darmstadt: Hoppenstedt
            Bonnier Zeitschriften, 2004 (siehe S. 127).

[BK10]   Martin Bergert und Jens Kiefer. „Mechatronic Data Models
            in Production Engineering". *{IFAC} Proceedings Volumes*, Bd.
            43(4) (2010). 10th {IFAC} Workshop on Intelligent Manufac-
            turing Systems (siehe S. 40, 47).

[BK16]   Matthias Bartelt und Bernd Kuhlenkötter. *conexing Abschluss-
            bericht - Werkzeug zur interdisziplinären Planung und produkt-
            bezogenen virtuellen Optimierung von automatisierten Produk-
            tionssystemen*. Techn. Ber. 2016 (siehe S. 42, 47).

[BLG17]   Stefan Biffl, Arndt Lüder und Detlef Gerhard, Hrsg. *Multi-Disciplinary Engineering for Cyber-Physical Production Systems*. Springer International Publishing, 2017 (siehe S. 42).

[Blo12]   Torsten Blochwitz, Martin Otter, Johan Akesson, Martin Arnold, Christoph Clauß, Hilding Elmqvist, Markus Friedrich, Andreas Junghanns, Jakob Mauss, Dietmar Neumerkel, Hans Olsson und Antoine Viel. „Functional mockup interface 2.0: The standard for tool independent exchange of simulation models“. *Proceedings of the 9th International MODELICA Conference; September 3-5; 2012; Munich; Germany.* 2012 (siehe S. 51).

[con]   conexing-Projekt. URL: http://www.conexing.de [Abgerufen: 22.08.2018] (siehe S. 148).

[DHS01]   Richard O. Duda, Peter E. Hart und David G. Stork. *Pattern classification.* 2. ed. New York: Wiley, 2001 (siehe S. 70).

[Die15]   Christian Diedrich, Matthias Riedl, Marco Meier, Holger Zipper und Sebastian Süß. „Integration of mechanical information in device descriptions as part of CPS“. *2015 International Conference on Computing Techniques and Mechanical Engineering (ICCTME 2015), UR-CPS (Conference Publishing Services), Phuket, Thailand (2015).* 2015 (siehe S. 9).

[Dra08]   Rainer Drath, Arndt Luder, Joern Peschke und Lorenz Hundt. „AutomationML - the glue for seamless Automation Engineering“. *IEEE International Conference on Emerging Technologies and Factory Automation, ETFA.* Okt. 2008 (siehe S. 30).

[Dra10]   Rainer Draht, Hrsg. *Datenaustausch in der Anlagenplanung mit AutomationML.* Springer Berlin Heidelberg, 2010 (siehe S. 30, 34).

[Dre13]   Benny Drescher, Peter Stich, Jens Kiefer, Anton Strahilov und Thomas Bär. „Physikbasierte Simulation im Anlagenentstehungsprozess - Einsatzpotentiale bei der Entwicklung automatisierter Montageanlagen im Automobilbau“. *Simulation in Produktion und Logistik. HNI-Verlagsschriftenreihe*, Bd. (2013), S. 271–282 (siehe S. 23).

[DWM08]   Rainer Drath, Peter Weber und Nicolas Mauser. „Virtuelle Inbetriebnahme - ein evolutionäres Konzept für die praktische Einführung". *AUTOMATION*. VDI Wissensforum GmbH, 2008 (siehe S. 19, 39, 41, 47).

[EA14]   Hoda ElMaraghy und Tarek AlGeddawy. „Cladistics for Products and Manufacturing". *Cirp Encyclopedia of Production Engineering*. Springer, 2014 (siehe S. 75, 76).

[EN15]   DIN EN. *62714-1: Datenaustauschformat für Planungsdaten industrieller Automatisierungssysteme - Automation Markup Language - Teil 1: Architektur und allgemeine Festlegungen*. DIN, 2015 (siehe S. 31, 148).

[EN16]   DIN EN. *62714-3: Datenaustauschformat für Planungsdaten industrieller Automatisierungssysteme - Automation Markup Language - Teil 3: Geometrie und Kinematik*. DIN, 2016 (siehe S. 32, 33, 148).

[ENT]   ENTOC-Projekt. URL: https://entoc.eu [Abruf: 22.08.2018] (siehe S. 149).

[Eve11]   Brian S Everitt, Sabine Landau, Morven Leese und Daniel Stahl. *Cluster analysis*. Chichester: Wiley, 2011 (siehe S. 60, 61, 65).

[Fah96]   Ludwig Fahrmeir, Hrsg. *Multivariate statistische Verfahren*. 2., überarb. Aufl. Berlin [u.a.]: de Gruyter, 1996, XVI, 902 Seiten (siehe S. 65, 66).

[Fel98]   Herbert Felix. *Unternehmens-und Fabrikplanung: Planungsprozesse, Leistungen und Beziehungen*. Hanser, 1998 (siehe S. 12).

[FG13]   Jörg Feldhusen und Karl-Heinrich Grote, Hrsg. *Pahl/Beitz Konstruktionslehre: Grundlagen erfolgreicher Produktentwicklung. Methoden und Anwendung*. Springer Berlin Heidelberg, 2013 (siehe S. 49, 91).

[Fis17]   Jessica Fisch, A. Remlein, Christian Diedrich und Mario Rossdeutscher. „Einsatz von Korrelationsanalysen zur Zuordnung von Produktionsdaten zu Funktionsgruppen in einer Werkzeugmaschine". *AUTOMATION*. Baden-Baden: VDI Wissensforum GmbH, 2017 (siehe S. 66).

[FMI]   FMI-Standard. URL: https://www.fmi-standard.org/ [Abruf: 25.04.2017] (siehe S. 51).

[FMI14]   Project FMI. *Functional Mock-up Interface for Model Exchange and Co-Simulation.* Document version: 2.0. Modelica Association. 2014 (siehe S. 52, 110).

[Fra01]   Alessandra Frabetti. „Simplicial Properties of the Set of Planar Binary Trees". *Journal of Algebraic Combinatorics,* Bd. 13(1) (2001) (siehe S. 74).

[Gow71]   John C Gower. „A general coefficient of similarity and some of its properties". *Biometrics,* Bd. 27(4) (1971) (siehe S. 66).

[Gra11]   Olaf Graeser, Barath Kumar, Oliver Niggemann, Natalia Moriz und Alexander Maier. „AutomationML as a basis for offline- and realtime-simulation". *8th International Conference on Informatics in Control, Automation and Robotics (ICINCO 2011).* 2011 (siehe S. 41).

[Gri12]   Björn Grimm. „Virtuelle Inbetriebnahme von Produktionsanlagen". *atp edition-Automatisierungstechnische Praxis,* Bd. 54(04) (2012) (siehe S. 19, 21, 40, 47).

[Gru14]   Claus-Gerold Grundig. *Fabrikplanung: Planungssystematik-Methoden-Anwendungen.* Carl Hanser Verlag GmbH Co KG, 2014 (siehe S. 12).

[Hai14]   Joseph F. Hair, William C. Black, Barry J. Babin und Rolphe E. Anderson. *Multivariate Data Analysis.* 7. ed., new internat. ed. Pearson, 2014 (siehe S. 59, 62, 63).

[Hau17]   Dominik Hauf, Sebastian Süß, Anton Strahilov und Jörg Franke. „Multifunctional use of functional mock-up units for application in production engineering". *2017 IEEE 15th International Conference on Industrial Informatics (INDIN).* 2017 (siehe S. 43).

[HLS07]   Martin Hepp, Joerg Leukel und Volker Schmitz. „A quantitative analysis of product categorization standards: content, coverage, and maintenance of eCl@ss, UNSPSC, eOTD, and the RosettaNet Technical Dictionary". *Knowledge and Information Systems,* Bd. 13(1) (2007) (siehe S. 55).

[Ise99]   Rolf Isermann. *Mechatronische Systeme*. Springer, 1999 (siehe S. 8, 9).

[KBB08]   Jens Kiefer, Thomas Bär und Helmut Bley. „Mechatronic-Oriented Design of Automated Manufacturing Systems in the Automotive Body Shop". *DS 48: Proceedings DESIGN 2008, the 10th International Design Conference, Dubrovnik, Croatia*. 2008 (siehe S. 15).

[Kie08]   Jens Kiefer. „Mechatronikorientierte Planung automatisierter Fertigungszellen im Bereich Karosserierohbau". Diss. Universität des Saarlandes, 2008 (siehe S. 15, 19).

[KM09]   Volker Knoop und Kai Müller. *Gene und Stammbäume: ein Handbuch zur molekularen Phylogenetik*. 2. Auflage. Heidelberg: Spektrum Akademischer Verlag, 2009, Online–Ressource (XI, 386 Seiten 130 Abb, digital) (siehe S. 76, 77, 80).

[Koh05]   Wolfgang Kohn. *Statistik: Datenanalyse und Wahrscheinlichkeitsrechnung*. Springer Berlin Heidelberg, 2005 (siehe S. 69).

[KSG84]   Hans Kettner, Jürgen Schmidt und Hans-Robert Greim. *Leitfaden der systematischen Fabrikplanung: mit zahlreichen Checklisten*. Hanser, 1984 (siehe S. 12).

[LD12]   Zheng Liu und Christian Diedrich. „Validierungskonzept für virtuelle Anlagen". *AUTOMATION*. 2012 (siehe S. 41).

[Leu74]   Dieter Leuschner. *Einführung in die numerische Taxonomie*. Jena: G. Fischer, 1974, 139 S. (Siehe S. 93).

[Liu14]   Zheng Liu, Stephan Magnus, Jan Krause und Christian Diedrich. „Concept for modelling and testing of individual mechatronic components for manufacturing plant simulation". *Emerging Technology and Factory Automation (ETFA), 2014 IEEE*. 2014 (siehe S. 41).

[Liu15]   Zheng Liu, Oleksandar Bieliaiev, Christian Diedrich, T. Meyer und Benjamin Völzke. „Komponentenmodelle für die Virtuelle Inbetriebnahme". *AUTOMATION*. Baden-Baden: VDI Wissensforum GmbH, 2015 (siehe S. 25, 36, 41, 47).

[LS17]   Arndt Lüder und Nicole Schmidt. „AutomationML in a Nutshell". *Handbuch Industrie 4.0 Bd. 2*. Springer, 2017, S. 213–258 (siehe S. 30–32, 34).

[LSY16]   Arndt Lüder, Nicole Schmidt und Ender Yemenicioglu. „Herstellerunabhängiger Austausch von Verhaltensmodellen mittels AutomationML". *AUTOMATION*. Bd. 2016. VDI Wissensforum GmbH, Baden-Baden, 2016 (siehe S. 25, 34, 42, 47, 51).

[MC85]   Glenn W. Milligan und Martha C. Cooper. „An examination of procedures for determining the number of clusters in a data set". *Psychometrika*, Bd. 50(2) (1985) (siehe S. 70, 71).

[Mer13]   Rochdi Merzouki, Arun Kumar Samantaray, Pushparaj Mani Pathak und Belkacem Ould Bouamama. *Intelligent mechatronic systems: modeling, control and diagnosis.* Springer Science & Business Media, 2013 (siehe S. 9).

[Mil80]   Glenn W. Milligan. „An examination of the effect of six types of error perturbation on fifteen clustering algorithms". *Psychometrika*, Bd. 45(3) (1980) (siehe S. 70).

[Mil81]   Glenn W. Milligan. „A monte carlo study of thirty internal criterion measures for cluster analysis". *Psychometrika*, Bd. 46(2) (1981) (siehe S. 70).

[Nix99]   Kevin C. Nixon. „The Parsimony Ratchet, a New Method for Rapid Parsimony Analysis". *Cladistics*, Bd. 15(4) (1999) (siehe S. 89).

[Opp14a]   M. Oppelt, G. Wolf, O. Drumm, B. Lutz, T. Baudisch, J.C. Wehrstedt, A. Krause und L. Urbas. „Automatische Generierung von Simulationsmodellen für die virtuelle Inbetriebnahme auf Basis von Planungsdaten. Vorstellung eines generischen Konzepts und einer prototypischen Implementierung." *AUTOMATION*. Baden-Baden: VDI Wissensforum GmbH, 2014 (siehe S. 42, 43, 47).

[Opp14b]   Mathias Oppelt, Gerrit Wolf, Oliver Drumm, Benjamin Lutz, Markus Stöß und Leon Urbas. „Automatic Model Generation for Virtual Commissioning based on Plant Engineering Data". Bd. (2014) (siehe S. 42).

[Opp16]   Mathias Oppelt. „Towards an integrated use of simulation within the life-cycle of a process plant". Diss. Technische Universität Dresden, 2016 (siehe S. 42).

[OU14]   Mathias Oppelt und Leon Urbas. „Integrated virtual commissioning an essential activity in the automation engineering process: From virtual commissioning to simulation supported engineering". *Industrial Electronics Society, IECON 2014 - 40th Annual Conference of the IEEE*. 2014 (siehe S. 42).

[Par12]   Emmanuel Paradis. *Analysis of Phylogenetics and Evolution with R*. Springer-Verlag New York, 2012 (siehe S. 93).

[PF15a]   Philipp Puntel Schmidt und Alexander Fay. „Levels of Detail and Appropriate Model Types for Virtual Commissioning in Manufacturing Engineering". *Mathematical Modelling*. Bd. 8. 1. 2015 (siehe S. 26, 43).

[PF15b]   Philipp Puntel-Schmidt und Alexander Fay. „Konsistente Simulationsmodelle für die virtuelle Inbetriebnahme fertigungstechnischer Anlagen mit Hilfe regelbasierter Modellverbinder". *Tagungsband Simulation in Production and Logistic*, Bd. (2015) (siehe S. 43, 47).

[Pun15]   Philipp Puntel Schmidt, Alexander Fay, Willi Riediger, Thomas Schulte, Fabian Köslin und Stephan Diehl. „Validierung von Steuerungscode mit Hilfe automatisch generierter Simulationsmodelle". *at-Automatisierungstechnik*, Bd. 63(2) (2015) (siehe S. 43).

[Pun17]   Philipp Puntel Schmidt. „Methoden zur simulationsbasierten Absicherung von Steuerungscode fertigungstechnischer Anlagen". Diss. Helmut-Schmidt-Universität Hamburg, 2017 (siehe S. 25, 43).

[REF85]   Verband für Arbeitsstudien und Betriebsorganisation e.V. REFA, Hrsg. *Methodenlehre der Planung und Steuerung. 5. Teil. Netzplantechnik, Projektmanagement, Betriebsstättenplanung*. Hanser, 1985 (siehe S. 12).

[SAD18]   Sebastian Süß, Felix Auris und Christian Diedrich. „An approach to automatically assign mechatronic components to an existing or identified classification". *14th IEEE International Conference on Automation Science and Engineering*. Munic, Germany, 2018 (siehe S. 81).

[SBK14] Adrian Schyja, Matthias Bartelt und Bernd Kuhlenkötter. „From Conception Phase up to Virtual Verification Using AutomationML". *Procedia CIRP*, Bd. 23 (2014) (siehe S. 42).

[Sch07] Günther Schuh, Sebastian Friedrich Gottschalk, Felix Lösch und Cathrin Wesch-Potente. „Fabrikplanung im Gegenstromverfahren". *wt werkstattstechnik online*, Bd. 97(4) (2007) (siehe S. 12, 13).

[Sch10] Thomas Schäfer. *Statistik I : Deskriptive und Explorative Datenanalyse*. SpringerLink : Bücher. Wiesbaden: VS Verlag für Sozialwissenschaften, 2010 (siehe S. 63).

[Sch13] N. Schetinin, N. Moriz, B. Kumar, A. Maier, S. Faltinski und O. Niggemann. „Why do verification approaches in automation rarely use HIL-test?" *IEEE International Conference on Industrial Technology (ICIT)*. 2013 (siehe S. 25, 41).

[Sch16] Andreas Schlag, Sebastian Süß, Thomas Bär und Michael Vielhaber. „Ganzheitliche Projektierung automatisierter Montageanlagen als Grundlage von digitalen Absicherungsprozessen". *AUTOMATION*. Bd. 2016. VDI Wissensforum GmbH, Baden-Baden, 2016 (siehe S. 44).

[SD16] Sebastian Süß und Christian Diedrich. „Classification of mechatronic components for efficient plant behaviour simulation". *2016 IEEE 12th Conference on Automation Science and Engineering (CASE)*. 2016 (siehe S. 57).

[SD18] Sebastian Süß und Christian Diedrich. „Klassifizierung mechatronischer Komponenten für Anwendungen der virtuellen Anlagenabsicherung". *15. Fachtagung EKA – Entwurf komplexer Automatisierungssysteme*. Magdeburg, Germany, 2018 (siehe S. 81).

[Sin15] Gautam B. Singh. *Fundamentals of Bioinformatics and Computational Biology*. Springer, 2015 (siehe S. 76, 80).

[SO14] Thomas Strigl und Mathias Oppelt. „Virtuelle Inbetriebnahme als integrierter Bestandteil eines mechatronischen Engineering-Prozesses". *AUTOMATION*. Baden-Baden: VDI Wissensforum GmbH, 2014 (siehe S. 41, 47).

[SS61]   Robert Reuven Sokal und Peter Henry Andrews Sneath. *Principles of Numerical Taxonomy*. W. H. Freeman, 1961 (siehe S. 72).

[SSD15]   Sebastian Süß, Anton Strahilov und Christian Diedrich. „Behaviour simulation for virtual commissioning using co-simulation". *2015 IEEE 20th Conference on Emerging Technologies Factory Automation (ETFA)*. 2015 (siehe S. 21, 25, 36, 43, 47).

[Str14]   Anton Strahilov. „Simulation des physikalischen Verhaltens bei der digitalen Absicherung von automatisierten Montageanlagen". Diss. Karlsruher Institut für Technologie (KIT), 2014 (siehe S. 19).

[Str16]   Anton Strahilov, Ender Yemenicioglu, Mario Thron, Holger Zipper, Matthias Riedl, Ulf Zimmermann, Irenius Wior und Sebastian Süß. „Improving the test transition and modularity of the virtual commissioning workflow with AutomationML". *AutomationML User Conference*. 2016 (siehe S. 44).

[Süß16a]   Sebastian Süß, Dominik Hauf, Anton Strahilov und Christian Diedrich. „Standardized Classification and Interfaces of Complex Behaviour Models in Virtual Commissioning". *Procedia CIRP*, Bd. 52 (2016). The Sixth International Conference on Changeable, Agile, Reconfigurable and Virtual Production (CARV2016) (siehe S. 57).

[Süß16b]   Sebastian Süß, Stephan Magnus, Mario Thron, Holger Zipper, Ulrich Odefey, Victor Fäßler, Anton Strahilov, Adam Kłodowski, Thomas Bär und Christian Diedrich. „Test methodology for virtual commissioning based on behaviour simulation of production systems". *2016 IEEE 21th Conference on Emerging Technologies Factory Automation (ETFA)*. 2016 (siehe S. 34, 43).

[Thr16]   Mario Thron, Holger Zipper, Stephan Magnus, Sebastian Süß, Christian Göbeler, Zheng Liu und Christian Diedrich. „Beschreibung des normalen und gestörten Verhaltens mechatronischer Komponenten für den automatisierten virtuellen Anlagentest". *AUTOMATION*. Bd. 2016. VDI Wissensforum GmbH, Baden-Baden, 2016 (siehe S. 43).

[VDI11]   Verein Deutscher Ingenieure VDI. *VDI-Richtline 5200, Blatt 1: Fabrikplanung, Planungsvorgehen.* VDI 5200: Fabrikplanung, 2011 (siehe S. 12).

[VDI16a]   Verein Deutscher Ingenieure VDI. *VDI-Richtline 5200, Blatt 2: Fabrikplanung, Morphologisches Modell der Fabrik zur Zielfestlegung in der Fabrikplanung.* VDI 5200: Fabrikplanung, 2016 (siehe S. 12).

[VDI16b]   Verein Deutscher Ingenieure VDI. *VDI-Richtlinie 3693, Blatt 1: Virtuelle Inbetriebnahme, Modellarten und Glossar.* 2016 (siehe S. 21).

[Vog77]   F. Vogel. „Subjektivitäten bei der Klassifikation von Einheiten". *Vorträge der Jahrestagung 1977 / Papers of the Annual Meeting 1977 DGOR.* Hrsg. von K. Brockhoff, W. Dinkelbach, P. Kall, D. B. Pressmar und K. Spicher. Heidelberg: Physica-Verlag HD, 1977, S. 105–129 (siehe S. 64).

[WAB96]   Hans-Peter Wiendahl, Volker Ahrens und Michael Burmeister. „Grundlagen der Fabrikplanung". *Betriebshütte-Produktion und Management*, Bd. 7 (1996) (siehe S. 12).

[WK11]   Waldemar Walla und Jens Kiefer. „Life Cycle Engineering – Integration of New Products on Existing Production Systems in Automotive Industry". English. *Glocalized Solutions for Sustainability in Manufacturing.* Hrsg. von Jürgen Hesselbach und Christoph Herrmann. Springer Berlin Heidelberg, 2011 (siehe S. 40).

[ZSM09]   Jan Zrzavý, David Storch und Stanislav Mihulka. *Evolution.* Hrsg. von Hynek Burda. Heidelberg: Spektrum Akad. Verl., 2009 (siehe S. 72, 74, 77, 80, 93).

Glossar

Anagenese auch phyletische Evolution oder Artumwandlung genannt, Theorie der Artumwandlung durch Veränderung von Merkmalen, im Gegensatz zur Kladogenese ohne Verzweigung in Schwestergruppen. 72, 150

Anlagenentstehungsprozess Zeitraum zwischen Beginn der Planung einer neuen Anlage und dem SoP. 5, 16, 19, 23–25, 27, 29, 35, 40–42, 49, 53, 113, 115–119, 121–123, 125

Auftraggeber Klassischer Auftraggeber im betriebswirtschaftlichen Sinn. Hier speziell die Produktionsplanung oder das produzierende Unternehmen selbst, das die Anlagenentwicklung und -realisierung einer Produktionsanlage an einen AN vergibt. 17

Auftragnehmer Klassischer Auftragnehmer im betriebswirtschaftlichen Sinn. Hier speziell ein Anlagen- oder Maschinenbauunternehmen, das die Anlagenentwicklung und -realisierung einer Produktionsanlage übernimmt. 17

Automation Markup Language oft auch AutomationML, Deutsch etwa: Auszeichnungssprache in der Automatisierung, ist ein XML-basiertes, neutrales Datenformat. Es wird vor allem zur Speicherung und zum Austausch von Daten zur Anlagenplanung verwendet. 30

AVANTI Das AVANTI-Projekt (Projekttitel: Test methodology for virtual commissioning based on behaviour simulation of production systems) war ein von ITEA2 gefördertes europäisches Forschungsprojekt. Jeweils lokal unter der Obhut von ITEA gefördert wurden Firmen und akademische Einrichtungen in Deutschland, der Türkei und Finnland. Projektlaufzeit: September 2013 - Juni 2016. Siehe auch: [AVA]. 43, 44

Co-Simulation ist ein Simulationsverfahren, in dem verschiedene Subsysteme, die ein gekoppeltes Problem bilden, verteilt modelliert und simuliert werden. Innerhalb des FMI-Standard wird sie speziell verwendet, um Black-Box-Modelle zu simulieren. vii, 25, 28, 43, 52, 110, 122, 149

COLLADA (COLLAborative Design Activity, Deutsch etwa: Kollaborative Gestaltungsarbeit) ist ein XML-basiertes Datenformat für Geometrie- und Kinematikdaten und wird für eben dies im AML-Standard verwendet [EN16]. Details sind ausführlich in [AB06] beschrieben. 32, 33, 41

Computer Aided Engineering eXchange Deutsch etwa: Rechnerunterstützter Entwicklungsaustausch, ist ein neutrales XML-basiertes Datenformat für den rechnergestützten Datenaustausch und wird als Toplevel-Datenformat des AML-Standard verwendet [EN15]. 31

Computer-aided Design Deutsch etwa: Rechnerunterstütztes Konstruieren, ist der Einsatz von Computern zur Unterstützung bei der Erstellung, Änderung, Analyse oder Optimierung eines Designs. 17

conexing Das conexing-Projekt (Projekttitel: Werkzeug zur interdisziplinären Planung und produktbezogenen virtuellen Optimierung von automatisierten Produktionssystemen) war ein vom Bundesministerium für Bildung und Forschung gefördertes deutsches Forschungsprojekt. Projektlaufzeit: März 2012 - August 2015. Siehe auch: [con]. 42

eCl@ss internationale Produkt- und Dienstleistungsbeschreibung sowie Klassifizierungsstandard, der in Deutschland sehr verbreitet ist. Zählt zu den Produktspezifizierungs-Standards. 43, 55–58, 82–86, 97

Elektrik-CAD ist eine Spezialisierung von CAD, unter der das Arbeiten an elektrischen Schaltplänen verstanden wird. 18

Engineering Toolchain Das ENTOC-Projekt (Projekttitel: Efficient and iterative development of smart factories) ist ein von ITEA3 gefördertes europäisches Forschungsprojekt. Jeweils lokal unter der Obhut von ITEA gefördert werden Firmen und akademische Einrichtungen in Deutschland und Schweden. Projektlaufzeit: Juni 2016 - August 2019. Siehe auch: [ENT]. 44

Extensible Markup Language Deutsch etwa: erweiterbare Auszeichnungssprache, ist eine Markup-Sprache, die einen Satz von Regeln für die Codierung von Dokumenten in einem Format definiert, das sowohl menschenlesbar als auch maschinenlesbar ist. 32

External Interface Deutsch etwa: Externe Schnittstelle, ist eine Unterklasse von IC und wird bei AML verwendet, um Schnittstellen außerhalb der CAEX-Objekte zu modellieren. 120

Functional Mock-Up Interface Deutsch etwa: Funktionelle Modell- Schnittstelle, definiert eine standardisierte Schnittstelle, die in Computersimulationen zur Entwicklung komplexer cyberphysikalischer Systeme verwendet wird. Dabei ist FMI ein werkzeugunabhängiger Standard, der sowohl den Modellaustausch als auch die Co-Simulation dynamischer Modelle mit einer Kombination aus XML-Dateien und kompiliertem C-Code unterstützt. 25

Functional Mock-Up Unit Deutsch etwa: Funktionelle Modell-Einheit, teil des FMI-Standard, ist dessen ausführbare Datei. Eine Simulationsumgebung ruft dabei eine oder mehrere Instanzen der FMU zur Laufzeit auf. Eine FMU kann entweder über eigene Solver verfügen (FMI für Co-Simulation) oder die Simulationsumgebung zur Durchführung der numerischen Integration benötigen (FMI für Model Exchange). vii, 25

Funktionsbausteinsprache (oft auch Funktionsplan, kurz FUP genannt) ist eine graphische Programmiersprache, die vornehmlich bei der Programmierung von SPSen eingesetzt wird und mit Logikblöcken und boolscher Algebra arbeitet. Sie ist einer der fünf Programmiersprachen der IEC 61131-3. 34

Hardware in the Loop Deutsch etwa: angedockte Hardware, ist eine Methode zur Entwicklung und zum Test vornehmlich eingebetteter

Systeme. Der zu entwickelnde / zu testende Teil des Systems wird dabei auf echter Hardware ausgeführt. 21

Instance Hierarchy Deutsch etwa: Instanz-Rangordnung, ist der konkrete Aufbau einer Struktur durch IEs. Dieser Teil des AML-Standards stellt also die konkrete Beschreibung von beispielsweise Anlagen, Maschinen etc. inklusive deren Struktur und hierarchischem Aufbau dar. 113

Interface Class Deutsch etwa: Schnittstellen-Klasse, definiert die Beziehungen zwischen AML-Objekten. 32

Internal Element Deutsch etwa: Internes Element, ist eine allgemeine Objektinstanz in AML. Es kann dabei alle denkbaren Einheiten wie Anlagen, Maschinen, Geräte, Kabel, Steuerungsprogramme, Produktbeschreibungen, Aufträge etc. instanziieren. Kann unter einer SUC oder eines anderen IE instanziiert werden. 31

Internal Link Deutsch etwa: Interne Verknüpfung, verbindet zwei CAEX-Elemente miteinander und gehört somit zum AML-Standard. 120

Kladogenese auch Divergenz genannt, Theorie der Stammesverzweigung in Schwestergruppen mit einem gemeinsamen Vorfahren. Im Gegensatz zur Anagenese erhöht sich dadurch die Artenvielfalt. 73, 147

Manufacturer Behavior Model Deutsch etwa: Herstellerverhaltensmodell, stellt das Verhaltensmodell einer mechatronischen Komponente dar, das vom Hersteller der Komponente erstellt und gepflegt wird und alle Aspekte des Verhaltens dieser Komponente enthält. 36

Maximum Parsimony Deutsch etwa: Maximale Sparsamkeit, ist in der Phylogenetik ein Optimalitätskriterium, unter dem der phylogenetische Baum, der die Gesamtzahl der Charakterzustandsänderungen minimiert, bevorzugt wird. 76, 134

Maximum-Likelihood Deutsch etwa: maximale Wahrscheinlichkeit, ist ein Schätzverfahren, das durch Maximieren einer Wahrscheinlichkeitsfunktion, so dass unter Berücksichtigung des angenommenen statistischen Modells die beobachteten Daten am wahrscheinlichsten sind. Wird auch in der Phylogenetik eingesetzt. 80, 134

Mechanik-CAD ist eine Spezialisierung von CAD, unter der das Arbeiten an geometrischen Designs verstanden wird. 17

mechatronische Komponente ein in einer Produktionsanlage verbautes Teil, welches sowohl mit der ihr übergeordneten Steuerung kommuniziert als auch mit der mechanischen/physikalischen Welt der Produktionsanlage interagiert. 6, 11, 17, 18, 22, 26, 31, 35–39, 43, 44, 46, 50, 52, 54, 59, 60, 67, 72, 73, 82, 86, 87, 91, 92, 94, 109–113, 117, 121, 132, 150, 154

Modelica objektorientierte, deklarative und multidomäne Modellierungssprache für die komponentenorientierte Modellierung komplexer Systeme. Ist die Grundlage für den FMI-Standard. 43

multivariate Analysemethoden sind Methoden der multivariaten Statistik, die Objekte analysieren und dabei nicht nur eine, sondern mehrere Variablen dieser Objekte berücksichtigen. Ziel dabei ist es, Zusammenhänge und Abhängigkeiten zwischen den Objekten auf Grundlage mehrerer Variablen zu erkennen und/oder zu überprüfen. 58, 59, 133, 152

Nearest-Neighbor-Interchange Deutsch etwa: Austausch nächster Nachbarn, ist ein Optimierungsverfahren der Phylogenetik. Das Verfahren versucht dabei, existierende Bäume weiter zu optimieren. Dabei stellt NNI eine MP-Methode dar, wodurch sie besonders effizient ist, wenn der Startbaum durch eine abstandsbasierte Methode berechnet wurde. 86, 134

Neighbor-Joining Deutsch etwa: Nachbarn-Verbindung, ist eine agglomerierende Clustering-Methode zur Erzeugung phylogenetischer Bäume. 80, 134

Open Platform Communications Deutsch etwa: Kommunikation auf offener Plattform, bis 2011 *Object Linking and Embedding for Process Control*, ist eine Reihe von Standards und Spezifikationen für die industrielle Intermaschinenkommunikation. Sie spezifiziert die Kommunikation von Echtzeit-Anlagendaten zwischen Steuerungen verschiedener Hersteller. Oft wird auch die neuste OPC-Spezifikation *OPC Unified Architecture* schlicht mit OPC abgekürzt. 39

Original Equipment Manufacturer Deutsch etwa: Originalausrüstungshersteller, Erstausrüster, bezeichnet im automobilen Umfeld den Automobilhersteller selbst. 5

Phylogenese auch Kladistik oder phylogenetische Systematik, die evolutionsbedingte, stammesgeschichtliche Entwicklung von Organismen. 71–73, 75, 76, 79–81, 97, 105

Phylogenetik Wissenschaft der Bestimmung von verwandtschaftlichen Beziehungen zwischen Organismen, speziell solche, die mit Hilfe von Algorithmen bestimmt werden. 76, 78, 79, 133, 134, 150, 151

Phänetik vermehrt auch numerische Taxonomie, merkmalbasierte Ähnlichkeitsmethoden zur Anordnung von Arten unabhängig von deren biologischen Verwandtschaftsbeziehungen. Heute fast vollständig von multivariaten Analysemethoden, speziell der Clusteranalyse abgelöst. 71–73

PLCOpenXML ist ein XML-basiertes Datenformat zur neutralen Beschreibung von IEC 61131-3-konformem Steuerungscode. Es wird für eben dies sowie ganz allgemein für die Beschreibung von Logik (Ablaufsequenzen, internes Verhalten und I/O-Verbindungen) im AML-Standard verwendet [Aut17]. 25, 33, 34, 41, 42

Role Class Deutsch etwa: Rollen-Klasse, ist eine abstrakte Funktion eines Systemelementes in AML. Sie stellt dabei keine technische Realisierung dieser Funktion dar. Sie stellt also die Semantik eines Systemelementes fest. 113

Sequential Function Chart (zu deutsch meist Ablaufsprache, kurz AS genannt) ist eine graphische Programmiersprache, die vornehmlich bei der Programmierung von SPSen eingesetzt wird und dadurch in Form von Petri-Netzen programmiert werden können. Sie ist einer der fünf Programmiersprachen der IEC 61131-3. 34

Speicherprogrammierbare Steuerung ist ein Gerät zur Steuerung von Maschinen oder Anlagen, die programmiert werden kann. Ist in der automatisierten Produktion weit verbreitet. 6

Start of Production Deutsch: Start der Produktion ist der Zeitpunkt, ab dem eine Produktionsanlage einen definierten Anteil seines Soll-Ausstoßes liefert (meist 90 %). Zu diesem Zeitpunkt findet auch die Gefahrenübergabe vom Anlagenbauer auf den OEM statt. 6

System under Test Deutsch etwa: Zu testendes System, ist das zu testende System innerhalb eines Testaufbaus. 21

System Unit Class Deutsch etwa: System-Einheits-Klasse, ist eine Systemkomponente innerhalb des AML-Standards , die als wiederverwendbares Element gedacht ist. 31

System Unit Class Library Deutsch etwa: System- Einheits- Klassen- Bibliothek, ist die Bibliothek des AML-Standards für SUCs. 31, 113

Systematik auch Biosystematik, bezeichnet die Einteilung (Taxonomie), Benennung (Nomenklatur) und Bestimmung aller Organismen und ist somit bestrebt, deren Verwandtschaftsverhältnisse zu rekonstruieren. 71, 73, 154

Taxon (Plural: Taxa), eine Einheit, Kategorie oder Klasse beliebigen Rangs, die auf Grund von Nachbarschafts- oder Ähnlichkeitsbeziehungen eine Gruppe von Objekten zugeordnet wird. 71–75, 79–81, 88, 153

Taxonomie bezeichnet die Einteilung von Objekten anhand von Nachbarschafts - oder Ähnlichkeitsbeziehungen in Taxa. Wird oft mit

Systematik gleichgesetzt. 71, 72, 153

User Behavior Model Deutsch etwa: Nutzerverhaltensmodell, stellt das Verhaltensmodell einer mechatronischen Komponente dar, das nicht vom Hersteller sondern vom Nutzer der Komponente erstellt und gepflegt wird. Dabei kann dieses Modell ein MBM enthalten und dient üblicherweise vor allem der Anpassung der standardisierten Herstellerverhaltensmodelle an die Bedürfnisse des Nutzers. 37

Virtuelle Inbetriebnahme Die Virtuelle Inbetriebnahme (kurz: VIBN) ist eine Technik zur Absicherung von Steuerungsprogrammen gegen virtuelle Anlagen. 19, 20, 40

Virtuelles Engineering Das Virtuelle Engineering (kurz: VE) ist eine Technik zur virtuellen Absicherung von Anlagenmechanik. 19

Akronyme

AG Auftraggeber. 17, 116, 120, 121, *Glossar:* Auftraggeber

AML Automation Markup Language, oft auch AutomationML. 30–35, 41–43, 113–119, 121, 148–150, 152, 153, *Glossar:* Automation Markup Language

AN Auftragnehmer. 17, 18, 20, 116, 147, *Glossar:* Auftragnehmer

CAD Computer-aided Design. 17–19, 23, 42, 51, 112, 116, 119, 120, 148, 151, 155, 156, *Glossar:* Computer-aided Design

CAEX Computer Aided Engineering eXchange. 31, 32, 121, 149, 150, *Glossar:* Computer Aided Engineering eXchange

ECAD Elektrik-CAD. 18, 119, *Glossar:* Elektrik-CAD

EI External Interface. 120, 121, *Glossar:* External Interface

ENTOC Engineering Toolchain. 44, *Glossar:* Engineering Toolchain

FBS Funktionsbausteinsprache. 34, *Glossar:* Funktionsbausteinsprache

FMI Functional Mock-Up Interface. 25, 28, 34, 38, 42–44, 51–53, 109–111, 148, 149, 151, *Glossar:* Functional Mock-Up Interface

FMU Functional Mock-Up Unit. 25, 34, 35, 37, 41, 43, 44, 52, 110, *Glossar:* Functional Mock-Up Unit

HIL Hardware in the Loop. 21, 41, 43, *Glossar:* Hardware in the Loop

IC Interface Class. 32, 113, 119, 149, *Glossar:* Interface Class

IE Internal Element. 31, 120, 150, *Glossar:* Internal Element

IH Instance Hierarchy. 113, 119–121, *Glossar:* Instance Hierarchy

IL Internal Link. 120, *Glossar:* Internal Link

MBM Manufacturer Behavior Model. 36, 37, 154, *Glossar:* Manufacturer Behavior Model

MCAD Mechanik-CAD. 17, 19, *Glossar:* Mechanik-CAD

ML Maximum-Likelihood. 80, *Glossar:* Maximum-Likelihood

MP Maximum Parsimony. 76, 77, 79, 80, 84, 85, 88, 89, 151, *Glossar:* Maximum Parsimony

NJ Neighbor-Joining. 80, *Glossar:* Neighbor-Joining

NNI Nearest-Neighbor-Interchange. 84, 86, 151, *Glossar:* Nearest-Neighbor-Interchange

OEM Original Equipment Manufacturer. 5, 115, 153, *Glossar:* Original Equipment Manufacturer

OPC Open Platform Communications. 39, *Glossar:* Open Platform Communications

RC Role Class. 113, *Glossar:* Role Class

SFC Sequential Function Chart. 34, *Glossar:* Sequential Function Chart

SoP Start of Production. 6, 18, 147, *Glossar:* Start of Production

SPS Speicherprogrammierbare Steuerung. 6, 15, 18, 21, 33, 149, 153, *Glossar:* Speicherprogrammierbare Steuerung

SUC System Unit Class. 31, 33, 113, 115–118, 120, 150, 153, *Glossar:* System Unit Class

SuT System under Test. 21, 40, *Glossar:* System under Test

UBM User Behavior Model. 37, *Glossar:* User Behavior Model

VE Virtuelles Engineering. 19, 20, 23, 39, 43, 115, 117, *Glossar:* Virtuelles Engineering

VIBN Virtuelle Inbetriebnahme. 19–23, 25, 39–44, 49, 51, 112, 115, 117, *Glossar:* Virtuelle Inbetriebnahme

XML Extensible Markup Language. 32, 34, 42, 51, 110, 147–149, 152, *Glossar:* Extensible Markup Language